新农村建设农村热点问题丛书

农村网上办事及网络应用指南

主　编　　胡东华

副主编　　伍勇丽

编　写　　刘素枚　　李　亮　　杨　军

　　　　　刘　津　　吕宙飞　　高永军

　　　　　温　晴　　韩　冰　　江治亚

　　　　　苗伟东　　梁元东　　刘　敬

　　　　　钟典良　　吴晓燕　　王新星

　　　　　范开迪　　杨文良　　杨晓霞

中国财政经济出版社

图书在版编目（CIP）数据

农村网上办事及网络应用指南/胡东华主编．—北京：中国财政经济出版社，2011.10

（新农村建设农村热点问题丛书）

ISBN 978 - 7 - 5095 - 3167 - 9

Ⅰ.①农…　Ⅱ.①胡…　Ⅲ.①互联网络 - 指南　Ⅳ.①TP393.4 - 62

中国版本图书馆 CIP 数据核字（2011）第 202084 号

责任编辑：孙　琛　　　　　责任校对：王　英
封面设计：汪俊宇　　　　　版式设计：文　通

中国财政经济出版社出版

URL：http://www.cfeph.cn
E - mail：cfeph@cfeph.cn

社址：北京市海淀区阜成路甲 28 号　邮政编码：100142
发行处电话：88190406　财经书店电话：64033436
北京财经印刷厂印刷　　各地新华书店经销
880 × 1230 毫米　32 开　4.875 印张　130 000 字
2011 年 9 月第 1 版　2012 年 5 月北京第 3 次印刷
定价：20.00 元
ISBN 978 - 7 - 5095 - 3167 - 9/TP·0024
（图书出现印装问题，本社负责调换）
本社质量投诉电话：010 - 88190744

前 言

随着中国互联网的快速发展，互联网已经渗透到社会生活的各个层面，成为社会、经济、文化活动和个人生活的重要平台。互联网不仅改变了个人的工作、学习生活方式，更以信息渠道、交流互动、商务交易等极大地促进了社会政治、经济文化的快速发展。

当前我国经济社会的发展中存在着明显的城乡差异。而城乡之间的差异除了存在于传统的社会经济领域以外，也存在于诞生时间不久的互联网发展领域。从获取信息和信息应用的角度来看，农村信息匮乏是这种差异的一个因素。重视和加强农村互联网的发展，可有效地缩小城乡"数字鸿沟"，促进农村思想观念更新和经济社会跨越式发展，消除城乡之间的信息壁垒、化解这种差异的诸多矛盾，也是响应党中央号召，建设社会主义新农村、构建社会主义和谐社会的重要组成部分。

目前我国农村网民规模持续增长，农村网民上网条件也正在得到日益改善，不仅是上网设备呈现多元化趋势，各类互联网设备使用率普遍上升，农村居民家庭上网使用率也在提升，农村网民在家里上网的比例逐年增加，在网吧上网的比例逐年下降。与此同时，互联网在农村的价值也得到了提升。有关调查显示，近几年来搜索引擎使用率持续快速增长，成为农村网民上网的主要入口，而农村网民对即时通信的使用率也与全国平均水平较为接近，即时通信契合农村的手机上网环境，成为农村网民的重要交流工具。

然而由于互联网普及率差距以及城乡互联网应用差距，我国互联网数字鸿沟很可能进一步扩大，有关专家指出，我国农村互联网虽然正在快速发展，农村信息化工作也取得了一定成果，但是仍然存在一些问题。其中很重要的一个方面就是农民网络相关教育不完善。

　　目前最需要的就是加强对农民和农业技术人员的培训，进一步加快科学文化知识普及，切实提高农民的科技文化素质，培养有文化、懂技术的新型农民，为传播农业科技、提供农产品供求信息和培养农民职业技能服务，使互联网在农业和农村信息化建设中发挥更大的作用。

目　录

第一章 概　　述

第一节　农村信息化

　　20 世纪 90 年代以来，随着 Internet 等信息技术的发展与普及，我国信息化建设得到了迅速发展。信息化已成为发展社会生产力、提高经济实力和竞争优势的重要保证，并成为国民经济发展和国防建设的基础。信息化包含的内容相当广泛，其中农村信息化问题不仅是为了改变农村落后面貌、促进农村经济发展、消灭贫困，也是奔向小康的重要途径之一。说了这么多，那么，到底什么事信息化，什么是农村信息化呢？

　　我们先来谈谈信息化。信息化的概念起源于 20 世纪 60 年代的日本，首先是由一位日本学者提出来的，而后被译成英文传播到西方，西方社会普遍使用"信息社会"和"信息化"的概念是 70 年代后期才开始的。

　　关于信息化的表述，有过较长时间的研讨。如有的认为，信息化就是计算机、通信和网络技术的现代化；有的认为，信息化就是从物质生产占主导地位的社会向信息产业占主导地位社会转变的发展过程；有的认为，信息化就是从工业社会向信息社会演进的过程，如此等等。

　　农村信息化就是以信息媒体技术装备农村相关领域，使信息资源在农村得以充分开发、应用，对农村居民的生产、生活过程提供全面支持，加快农村经济发展和社会进步的过程。逐步实现由农业社会向信息社会过渡。信息化到底为我们的生活做了怎样的贡献呢？

一、用信息化提升农村居民素质

我国农民平均受教育不足 7 年，农村劳动力中，高中及以上文化程度只占 13%，初中占 49%，小学及以下占 38%。从我国当前的教育模式看，培养一支有文化、懂技术、会经营的新型农民队伍非一日之功。

新农村建设需要经济、科技、文化、卫生等方面的人才。农村信息化搭建了一个覆盖广泛的农村信息平台。通过通信、电视广播、计算机网络等设施，让农村居民看到、听到和城市居民一样的东西，在广大农村传播先进文化，使农村居民改变观念，拥有健康的文化活动，了解政策法律，树立道德观，最终提升农村居民素质，使之成为社会主义新农村建设和发展的主体。

二、用信息化推广农业科技技术

综合利用计算机网络、通信和广播电视等信息技术，结合传统手段，加强对农民特别是农技推广员、农业合作组织、龙头企业、农业生产经营大户等的科技信息服务；创新农村科技信息入户模式，提升农业科技推广的信息服务实效。

通过开发的应用作物生长、畜禽水产养殖、节水灌溉等农业智能软件系统，改革农业耕作制度和种养殖方式，实行标准化生产。利用信息技术，大力发展测土配方施肥，推广诊断施肥和精准施肥，进一步提高肥料施用效益。建立农机监理服务信息平台，加强农机安全监理工作，提高农机服务水平。

示例：渭源"空中课堂"发挥远程教育的优势帮农民致富。

甘肃日报渭源讯：前些天，渭源县五竹镇五竹村委会里人头攒动，一场名为《马铃薯良种培育实用技术教程》的科教片正在屏幕上播放。该村王恒斌凑在放映机前，一边看一边就不明白的地方询问着镇上的农业技术人员。他高兴地说:"看了电视上的知识讲座,我的心更亮堂了,种植马铃薯良种的信心更足了。"这是该县利用远程教育致富农民的一个缩影。

渭源县充分发挥远程教育的优势,先后建成渭源县党建网,开通了以远程教学、农村实用技术等为主要内容的现代远程教育县级辅助教学平台,分设符合基层干部群众需要的农村实用技术、科普知识等 11 个栏目,每两天将栏目内容更新一次,并与全国远程教育网站及各地网站互联互通。同时,严格落实网络管理维护措施,实行专人管理、专人操作、专人维护,保证了辅助教学平台的正常运行。截至目前该县 16 个乡镇、208 个村级依托站点设备已全部完成验收并投入使用,构建起了覆盖全县农民的"空中课堂"。

同时,县上把党校教学人员,县乡普法人员,农业、林业、畜牧、卫生、计划生育等部门人员和农村的致富能人、致富带头人选配到辅导队伍和教学资源开发队伍中,结合远程教育培训内容,邀请现场讲授辅导,从事"乡土课件"开发,为农民群众解决实际困难。全县共举办各类辅导班 530 多场次,制作"乡土课件"52 部,培训农村党员和干部群众 8.6 万人次。

（一）用信息化促进农业产品销售

农产品要实现由产品到商品的转变,就必须掌握市场供需状况和价格走势,只有完成整个生产过程,才能进入扩大再生产,这更需要信息的指导。鉴于"卖难"现象的客观存在,因此,通过开发农产品供需信息系统,建立农产品交易信息平台,开发农产品物流配送系统等信息系统,可以促进农产品销售。对实现产销对接具有重要作用。

示例:广西灵山农民利用"农村信息化"致富。

"农村信息化真是好,为我们农民致富提供了'千里眼'和'顺风耳',使我们的腰包迅速鼓了起来。"灵山县文利镇养牛专业户丁宣保乐呵呵地说。

灵山县陆屋镇盛产莪苓中药材,因质量高远近闻名。但近两年种药材的人却越来越少,问及原因,靠信息致富的松木山村农民黄朝喜说，这里山大沟深，交通不便，信息闭塞，每年生产大量药材销不出去，即使卖了，也卖不上好价钱，药贱伤农，越来越多的农民开始选择外出打工。但一个偶然的机会，黄朝喜认识到了信息的重要性，用移动电话武装自己，有了电话，信息多了，销路畅了，他的药材很快找到了婆家，当年就创收 2 万多元。这个好消息很快在全镇传开，在他的带动下，原本不再种药材的农民纷纷回乡种起了药材。他所在的村现在药材种植面积已经连翻几番，生产的药材也远销到河南、山东等地，大部分农民都走上了致富之路。

（二）用信息化促进农业市场流通

围绕市场需求，加强农业市场信息服务，特别是要加强国家农产品市场监测预警系统建设和应用，注重农产品供求信息、批发交易与期货交易信息的采集、汇聚、整合和开发，强化市场预测和决策支持功能，向生产者提供准确的导向信息，抵御市场风险。

加强农业、商务、邮政、质检等部门涉农信息共享和业务协同，加强城乡一体化市场流通信息服务。

通过建设基于互联网的农业市场流通平台，使农村用户可以通过这个供求双向互动平台，足不出户，完成各种交易、信息交换等工作，让农村消费者真正体会到现代通信技术方便、快捷的好处。

示例：山东嘉祥：网上卖牛羊 3 天净赚 11 万元。

"万头牛羊示范基地"张经理通过网络发布信息，与湖北客户达成鲁西黄牛的交易，3 天净赚 11 万余元。记者从山东省嘉祥县黄垓乡政府了解到，今年，该地区近 700 位像张经理一样的养殖户和交易户用上了联通宽带，借助宽带网络信息平台，使牛羊购销更加火爆，每年调销牛羊达 40 余万头（只），年创收 1.4 亿多元。

据介绍，畜牧养殖是嘉祥县黄垓乡的主导支柱产业，目前共有畜牧养殖专业户 1300 余户，截止到目前，全乡牛羊存栏量达到 30.4 万头（只）。同时该乡也是周边地区牛羊产品较活跃的地点，牛羊购销从业人员近 8000 人，全乡每天平均调销牛羊达 1200 余头（只）。

据嘉祥联通黄垓营业部的工作人员统计，今年该地区宽带净增近 500 部,其中已用上宽带的牛羊养殖户和交易户就占了近 90%。由于宽带用户的增加,吸引了百度、搜狐、阿里巴巴等十几家网络公司来到该乡,纷纷出台优惠政策为养殖户上门做网站,搞宣传。

其中,总人口 680 余人的鲁北村今年新上宽带 78 户,拥有电脑近 200 台,联通宽带户数占到了全村总户数的 89.2%,全村利用宽带上网搞牛羊调销的多达 386 人,全村今年实现利润超过 50 万元的就有 37 人,网上交易等农村信息化应用大大促进了当地畜牧交易的发展。

(三)用信息化指导和管理农业生产过程

农业生产的季节性,要求生产者必须在种养之前基本掌握未来收获季节时的供需情况。实际上,由于城乡间存在着数字鸿沟和信息不对称等因素,面向农村信息服务"最后一公里"问题,短期内难以解决。加上我国小农经济的生产特点,导致农业生产从一开始就处于被动局面。开发面向生产者和管理者的农产品供需分析系统、市场价格预测系统、农田决策指挥系统等,可减少生产的盲目性。

利用信息技术手段改造传统农业生产过程,提高农业生产的可控性、精确性。在农业生产过程中,如何提高生产效益,需要信息技术的指导,并贯穿于整个生产过程之中。开发适应不同地区和不同领域的农业专家系统、农业决策支持系统、环境智能控制系统、地理信息系统、便携式农业信息系统等,随时随地为生产者提供技术指导,可有效加快农业科技成果的转化,充分发挥科技对生产力的促进作用。

(四)用信息化推进农村富余劳动力就业

建立农村人力资源在线服务,提供相关就业信息发布和咨询。引导农村富余劳动力有目地、有序地进行外出务工。

示例:重庆江津农妇网上"淘"出致富路。

打工热潮兴起之后,许多农村妇女外出打工致富。但在重庆市江津区,一名叫贾良英的农妇却坐在家里,通过互联网也"淘"到了一个好办法。她与广州客商合作,办起"三珠彩带"手工作坊,集中当地农村 28 名农妇，用细针挑彩珠，缝制到衬有标尺的彩带上，变成了条条华美的珠链，供作衣帽配饰，大家一起致富。贾良英是 2007 年 7 月参加江津区就业再就业培训班学会电脑和上网的，有空就在网上搜寻致富门道，当年 10 月她就在致富信息网上发现了"做手工活赚加工费"的信息。

（五）用信息化推动农村电子政务

依托互联网，集约建设面向农村的公共服务门户网站，合理配置信息化公共服务资源，推动电子政务公共服务向农村延伸，提高办事效率。建立村务信息网络平台，实现农村财务、选举、固定资产、土地承包、计划生育等信息公开，保证广大农民知情权建立信息通道。开设农村政务电子信箱，拓宽农村社情民意表达渠道，增强农民参政议政能力，促进村民自治和民主管理。大力支持农村党建工作信息化，促进农村基层组织建设和党员素质提高，增强党员对农业和农村信息化的带动作用。加强对农民工的信息服务工作。

（六）用信息化带动农村经济发展

社会主义新农村建设是一项复杂的系统工程，发展生产是首要任务。我国农村耕地资源有限而各地物产资源不一，即便是许多闭塞的山村也有很好的特产。在目前的农业格局中发展农村经济、增加农民收入，"让信息走进来、让产品和劳动力走出去"成为一个至关重要的问题。

事实上，实现农民网上购物、销售的目标并不遥远，目前在全国农村建设现代通信网络是见效最快、扶贫效果最明显、也最容易切入的基础设施建设。

示例：山西省积极打造"三农"信息服务网，构建农村信息平台的效果已经显现。山西省柳林县高家沟乡红枣总产量正常年景 900 万千克。全乡通电话后，每斤红枣至少多卖 0.5 到 1 元钱，全年增收 800 万–1000 万元。而且村里的劳动力输出也比往年多了许多。闻喜县石门乡盛产蘑菇、木耳、板栗等特产，电话开通后，村里土特产价格翻了两倍多，而且全部销往外地，给农民带来了可观收入。

第二节 计算机与计算机网络

计算机网络，是指将地理位置不同的具有独立功能的多台计算机及其外部设备，通过通信线路连接起来，在网络操作系统，网络管理软件及网络通信协议的管理和协调下，实现资源共享和信息传递的计算机系统。

计算机网络是信息产业的基础，在各行各业都获得了广泛的应用，下面介绍了计算机在不同领域的应用情况。

一、教育

（一）计算机作为学习工具

现时，有不少计算机辅助学习软件均借助文字、图像、声音、影像及动画等方式帮助学生学习不同的科目。同时可测试所学的知识，并立刻得到测试的结果。同时，互联网上亦可以找到大量的学习资源，学生也可自行学习一些课外的知识。

（二）计算机作为教学工具

通过使用计算机，教师能够以更有趣的多媒体（图像、视像、动画、声音和文字）效果，更清楚地展示教学内容、解释一些较难说明的概念及展示一些难以实际进行的实验，使学习更有趣味。

二、娱乐

（一）计算机游戏

计算机游戏可分为冒险游戏、动作游戏、教育游戏、智力游戏、模拟游戏、战略游戏等，大都含有大量的视觉及音响效果，好的计算机游戏能引发游戏参与者的想象力，并为他们提供了挑战的乐趣和成功的喜悦。

（二）电影及电视制作

利用计算机，我们可以制作电影或电视节目中的特别音响和视觉效果；现在不少科幻或动作电影都有利用计算机技术协助制作，为我们带来新形式的娱乐。

（三）互动电视

现在，我们只需接驳一个控制盒，便可安坐家中，享受自选视像服务。你只需选择你喜欢看的影片，计算机系统即会通过电话线把视像传送过来，让你在家中的电视上收看。

三、通讯

（一）电话

大部分国家的电话系统已计算机化了，进一步改良了音质、线路等电话机的工作环境。

（二）电子邮件

电子邮件软件可以让人们在计算机网络上收发讯息。它是一种快捷、经济而方便的讯息传递方法。

（三）实时交流

进行网上游戏、聊天室、ICQ、网络电话、视像会议等。而视像会议更可以让人通过计算机网络与其他人作面对面的通话。

四、商业

（一）金融业

金融机构各分行的运作及纪录，都靠计算机联系，例如：利用自动柜员机存款、提款或转账，可以利用电话、电视或计算机，连接银行的计算机系统，从而查询账户余额，进行转账，取得财经信息。

（二）销售业

百货公司及超级市场利用计算机化的销售点终端机，读取货物的数据（名称和价格），打印发票，控制存货，系统并连接各销售点终端机，控制存货水平及订货数量。

（三）服务业

很多服务业都开始利用计算机改善效率，例如：酒店可利用计算机及互联网预订房间，酒楼用计算机落单及结账，旅行社利用计算机为客户预订机票酒店等，购物公司利用互联网进行购物服务等。

五、办公室应用

办公室自动化是利用计算机化设备来处理办公室的工作。以下各类应用软件，是一般自动化的办公室内经常使用的：文书处理软件，电子表格，数据库，简报软件。

第二章　搜索引擎

第一节　什么是搜索引擎

一、概念

搜索引擎指自动从英特网搜集信息，经过一定整理以后，提供给用户进行查询的系统。英特网上的信息浩瀚万千，而且毫无秩序，所有的信息像汪洋上的一个个小岛，网页链接是这些小岛之间纵横交错的桥梁，而搜索引擎，则为你绘制一幅一目了然的信息地图，供你随时查阅。

目前大家认识的主流的搜索引擎也不外乎是百度和谷歌，其次就是搜搜、搜狗以及雅虎、bing 等，这些都是比较综合的搜索引擎。其他的话，更加不同的分类又有很多比较专业的搜索引擎，主要是针对于自己所在的行业，仅仅对于大众用户来说了解的并不多。

二、分类

根据搜索引擎的不同分类主要有：新闻类搜索引擎，例如：新浪的新闻搜索，百度的新闻搜索，谷歌的资讯搜索，新华网新闻搜索等。这些都是针对新闻的搜索。软件类搜索引擎也有很多，比较突出的就是迅雷狗狗搜索，太平洋软件搜索，华军软件园等。根据搜索引擎的分类还有很多，音乐，电影，图片，文档，视频，博客，购物，旅游，地图，生活，等等。

而这其中除了百度和谷歌的里面的产品属于开放性搜索外，其他大部分只是目录搜索，但是这些目录搜索的资源也相当的可观，基本上都覆盖了行业中的大部分主流信息。其实百度谷歌属于全文索引类，他们都有自己的程序索引整个互联网中的资源。但是它们里面的很多信息也都是从这些专业的搜索中检索到的，而有些东西只是在不同的位置获取，实际信息确差不多。

百度谷歌之外的这些搜索引擎基本上都属于目录搜索引擎。主要是人工编辑的网站分类目录，当你输入某个关键词搜索的时候，所有含有这个关键词的网页就被找出来，并按一定顺序排列。这其实就已经符合搜索引擎的基本原理。其次就是垂直类的搜索引擎，这个不及百度谷歌这类的开放性全文搜索引擎。垂直性搜索引擎只是在搜索行行业进行检索。具有代表性的就是奇虎搜索，尤其是奇虎的论坛搜索功能。

当然上面所说的不是搜索引擎的全部，要细分的话还有很多，搜索引擎并不是万能的，它的搜索只是建立在互联网中开放性协议的基础上而继承的。

第二节　百度

下面以百度为例，介绍搜索引擎的使用：

一、百度特色

1. 百度快照；
2. 相关搜索；
3. 拼音提示；
4. 错别字提示；
5. 英汉互译词典；
6. 计算器和度量衡转换；
7. 专业文档搜索；
8. 股票、列车时刻表和飞机航班查询；
9. 高级搜索语法；
10. 高级搜索和个性设置；
11. 天气查询；
12. 货币换算；
13. 搜索框提示。

二、百度快照

如果无法打开某个搜索结果，或者打开速度特别慢，该怎么办？"百度快照"能帮您解决问题。每个未被禁止搜索的网页，在百度上都会自动生成临时缓存页面，称为"百度快照"。当您遇到网站服务器暂时故障或网络传输堵塞时，可以通过"快照"快速浏览页面文本内容。百度快照只会临时缓存网页的文本内容，所以那些图片、音乐等非文本信息，仍是存储于原网页。当原网页进行了修改、删除或者屏蔽后，百度搜索引擎会根据技术安排自动修改、删除或者屏蔽相应的网页快照。

下面是搜索"金庸"的一个结果摘要，请点击右下角的"百度快照"链接，感受一下百度快照带来的便利！

金庸　百度百科

姓名：查良镛
生日：1924年3月10日　　　　　　职业：作家，学者，企业家，社...
简介：金庸，原名查良镛，华人最知名的武侠小说作家、新闻学家、企业家、
政治评论家和社会活动家，中国作家协会名誉副主席，《中华人民...
简介 - 履历 - 族亲 - 家事
baike.baidu.com/view/2619.htm 2011-09-05

三、相关搜索

搜索结果不佳，有时候是因为选择的查询词不是很妥当。您可以通过参考别人是怎么搜的，来获得一些启发。百度的"相关搜索"，就是和您的搜索很相似的一系列查询词。百度相关搜索排布在搜索结果页的下方，按搜索热门度排序。

下面是"小说"的相关搜索。点击这些词，可以直接获得他们的搜索结果。

相关搜索	小说下载	言情小说	小说阅读网	小说网	好看的小说
	穿越小说	免费小说阅读全文网	有声小说	龙腾小说网	玄幻小说

1. 拼音提示。

如果只知道某个词的发音，却不知道怎么写，或者嫌某个词拼写输入太麻烦，该怎么办？百度拼音提示能帮您解决问题。只要您输入查询词的汉语拼音，百度就能把最符合要求的对应汉字提示出来。它事实上是一个无比强大的拼音输入法。拼音提示显示在搜索结果上方。

如，输入"zhurongji"，提示如下：您要找的是不是：朱镕基。

2. 错别字提示。

由于汉字输入法的局限性，我们在搜索时经常会输入一些错别字，导致搜索结果不佳。别担心，百度会给出错别字纠正提示。错别字提示显示在搜索结果上方。

如，输入"唐醋排骨"，提示如下：您要找的是不是：糖醋排骨。

3. 英汉互译词典。

百度网页搜索内嵌英汉互译词典功能。如果您想查询英文单词或词组的解释，您可以在搜索框中输入想查询的"英文单词或词组"+"是什么意思"，搜索结果第一条就是英汉词典的解释，如：received 是什么意思；如果您想查询某个汉字或词语的英文翻译，您可以在搜索框中输入想查询的"汉字或词语"+"的英语"，搜索结果第一条就是汉英词典的解释，如：龙的英语。另外，您也可以通过点击搜索框右上方的"词典"链接，到百度词典中查看想要的词典解释。

4. 计算器和度量衡转换。

Windows 系统自带的计算器功能过于简陋，尤其是无法处理一个复杂计算式，很不方便。而百度网页搜索内嵌的计算器功能，则能快速高效的解决您的计算需求。

您只需简单的在搜索框内输入计算式，回车即可。看一下这个复杂计算式的结果：

$\log((\sin(5))^2) - 3 + \mathrm{pi}$

Bai_d百度　　新闻 **网页** 贴吧 知道 MP3 图片 视频 地图 更多▾

| log((sin(5))^2)-3+pi | 百度一下 |

计算器
log(sin(5)^2)-3+pi = 0.1051612789959
可进行"加（+）、减（-）、乘（*）、除（/）、百分数（%）"等算术计算
⊟展开科学计算器

如果您要搜的是含有数学计算式的网页，而不是做数学计算，点击搜索结果上的表达式链接，就可以达到目的。

在百度的搜索框中，您也可以做度量衡转换。格式如下：

换算数量换算前单位 = ? 换算后单位

例如：

- 5 摄氏度 = ? 华氏度

如果需要更多信息，请查看详细的计算器和度量衡转换帮助。

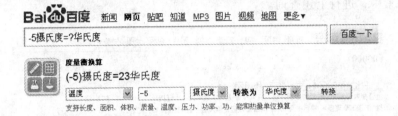

5. 专业文档搜索。

很多有价值的资料，在互联网上并非是普通的网页，而是以 Word、PowerPoint、PDF 等格式存在。百度支持对 Office 文档（包括 Word、Excel、Powerpoint）、Adobe PDF 文档、RTF 文档进行了全文搜索。要搜索这类文档，很简单，在普通的查询词后面，加一个 "filetype:" 文档类型限定。"filetype:" 后可以跟以下文件格式：DOC、XLS、PPT、PDF、RTF、ALL。其中，ALL 表示搜索所有这些文件类型。例如，查找张五常关于交易费用方面的经济学论文。"交易费用 张五常 filetype：doc"，点击结果标题，直接下载该文档，也可以点击标题后的 "HTML 版" 快速查看该文档的网页格式内容。

您也可以通过百度文档搜索界面（http：//file. baidu. com/），直接使用专业文档搜索功能。

【DOC】张五常南窗集:交易费用的争议
文件格式:DOC/Microsoft Word - HTML版
张五常《南窗集》交易费用的争议南窗集之一 个人思想的根源同学们说交易争议,又说国内有几家研究院,在交易费用重要性的话题上,同学们与老师吵...
jpkc.swufe.edu.cn/2005/xifangjjxue/jxcl/z ... 2005-7-20

【DOC】交易费用概念的内涵和外延
文件格式:DOC/Microsoft Word - HTML版
交易费用论在20世纪70年代开始传播以后,受到人们极大关注,已经成为现代经常的定义张五常是对交易费用论作出突出贡献的又一位代表人物,他对交易...

6. 股票、列车时刻表和飞机航班查询。

在百度搜索框中输入股票代码、列车车次或者飞机航班号，您就能直接获得相关信息。例如，输入深发展的股票代码"000001"，搜索结果上方，显示深发展的股票实时行情。也可以在百度常用搜索中，进行上述查询。

7. 高级搜索语法。

把搜索范围限定在网页标题中——intitle。

网页标题通常是对网页内容提纲挈领式的归纳。把查询内容范围限定在网页标题中，有时能获得良好的效果。使用的方式，是把查询内容中，特别关键的部分，用"intitle："领起来。

例如，找林青霞的写真，就可以这样查询：写真 intitle：林青霞

注意，intitle：和后面的关键词之间，不要有空格。

把搜索范围限定在特定站点中——site。

有时候，您如果知道某个站点中有自己需要找的东西，就可以把搜索范围限定在这个站点中，提高查询效率。使用的方式，是在查询内容的后面，加上"site：站点域名"。

例如，天空网下载软件不错，就可以这样查询：msn site：sky-cn. com.

注意，"site："后面跟的站点域名，不要带"http：//"；另外，site：和站点名之间，不要带空格。

把搜索范围限定在 url 链接中——inurl。

网页 url 中的某些信息，常常有某种有价值的含义。于是，您如果对搜索结果的 url 做某种限定，就可以获得良好的效果。实现的方式，是用"inurl:"，后跟需要在 url 中出现的关键词。

例如，找关于 photoshop 的使用技巧，可以这样查询：photoshop inurl：jiqiao。

上面这个查询串中的"photoshop"，是可以出现在网页的任何位置，而"jiqiao"则必须出现在网页 url 中。

注意，inurl：语法和后面所跟的关键词，不要有空格。

四、精确匹配——双引号和书名号

如果输入的查询词很长，百度在经过分析后，给出的搜索结果中的查询词可能是拆分的。如果您对这种情况不满意，可以尝试让百度不拆分查询词。给查询词加上双引号，就可以达到这种效果。

例如，搜索上海科技大学，如果不加双引号，搜索结果被拆分，效果不是很好，但加上双引号后，"上海科技大学"，获得的结果就全是符合要求的了。

书名号是百度独有的一个特殊查询语法。在其他搜索引擎中，书名号会被忽略，而在百度，中文书名号是可被查询的。加上书名号的查询词，有两层特殊功能，一是书名号会出现在搜索结果中；二是被书名号扩起来的内容，不会被拆分。书名号在某些情况下特别有效果，例如，查名字很通俗和常用的那些电影或者小说。比如，查电影"手机"，如果不加书名号，很多情况下出来的是通讯工具——手机，而加上书名号后，《手机》结果就都是关于电影方面的了。

Bai**百度** 新闻 **网页** 贴吧 知道 MP3 图片 视频 地图 更多▾

| "上海科技大学" | 百度一下 |

上海科学技术大学 百度百科
上海科技大学和上海科学技术大学是同义词，已合并。 上海科学技术大学百科名片上海科学
技术大学 上海科学技术大学创办于1958年，初为中国科技大学上海分校，1959年正式...
baike.baidu.com/view/2835828.htm 2011-7-29 - 百度快照

上海科技大学吧 贴吧
共有主题数:102个 贴子数:152篇 ...上海科技大学最严厉的老师是哪位？ ...请教个问题 ...在
大学期间赚点小钱，只要你能上网。还有一个免费上网吧的...
tieba.baidu.com/f?kw=上海科技大学 2011-6-1 - 百度快照

　　如果您发现搜索结果中，有某一类网页是您不希望看见的，而且，这些网页都包含特定的关键词，那么用减号语法，就可以去除所有这些含有特定关键词的网页。

　　例如，搜神雕侠侣，希望是关于武侠小说方面的内容，却发现很多关于电视剧方面的网页。那么就可以这样查询：神雕侠侣 －电视剧

　　注意，前一个关键词，和减号之间必须有空格，否则，减号会被当成连字符处理，而失去减号语法功能。减号和后一个关键词之间，有无空格均可。

五、高级搜索和个性设置

　　如果对百度各种查询语法不熟悉，可以使用百度集成的高级搜索界面，可以方便地做各种搜索查询。

　　您还可以根据自己的习惯，在搜索框右侧的设置中，改变百度默认的搜索设定，如搜索框提示的设置，每页搜索结果数量等。

　　1. 天气查询。

　　使用百度就可以随时查询天气预报。再也不用四处打听天气情况了。

　　在百度搜索框中输入您要查询的城市名称加上天气这个词，您就能获得该城市当天的天气情况。例如，搜索"北京天气"，就可

以在搜索结果上面看到北京今天的天气情况。

百度支持全国多达 400 多个城市和近百个国外著名城市的天气查询。

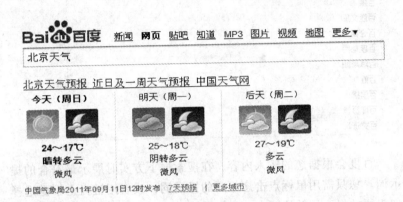

2. 货币换算。

要使用百度的内置货币换算器，只需在百度网页搜索框中键入您需要完成的货币转换，单击"回车"键或点击"百度一下"按钮即可。

下面是一些查寻示例：

100 美元等于多少人民币

3. 搜索框提示。

Baidu百度　新闻 **网页** 贴吧 知道 MP3 图片 视频 地图 更多▾

百	百度一
百姓网	
百度	
百度文库	
百合网	
百度地图	
百炼成仙	
百姓	
百里挑一	
百度影音	
百家讲坛	

百度会根据您的输入内容，在搜索框下方实时展示最符合的提示词。您只需用鼠标点击您想要的提示词，或者用键盘上下键选择您想要的提示词并按回车，就会返回该词的查询结果。您不必再费力地敲打键盘即可轻松地完成查询。

您输入拼音或汉字，百度会给出最符合您要求的提示。如，输入"moshou"，搜索框提示中会显示"魔兽世界"、"魔兽秘籍"等；输入"kaix"，搜索框提示中会显示"开心网"、"开心农场"等；输入"百度"，搜索框提示中会显示"百度地图"、"百度空间"等。

默认情况下，在百度主页和搜索结果页上方的搜索框都会显示搜索框提示。如果您不希望显示搜索框提示，可以在搜索框右侧设置的"搜索框提示"中选择"不显示"来关闭搜索框提示功能。关闭之后您还可以在搜索框右侧设置的"搜索框提示"中选择"显示"来重新开启它。

显示搜索框提示时，会默认屏蔽您浏览器的搜索框历史提示功能。如果您想恢复浏览器的搜索框历史提示功能，请在搜索框右侧设置的"搜索框提示"中选择"不显示"。

小贴士　百度 Hi

个性皮肤、场景
多款皮肤随意更换，底纹场景随心定制

消息记录漫游
聊天记录免费保存 随时随地漫游查看

什么是百度 Hi。

百度 Hi 是一款集文字消息、音视频通话、文件传输等功能的即时通讯软件，通过它您可以方便地找到志同道合的朋友，并随时与好友联络感情。

百度好友：预先导入百度好友，并随时与他们对话。

第一次登录百度 Hi 时，系统会自动导入您的百度空间好友。

待对方使用百度 Hi 后，您就可以与他们即时沟通了！

兴趣搜人：不管多少种爱好，Hi 都能找到与您志趣相投的人。

您可以通过兴趣爱好、血型、星座等多种组合找到与您最投机的朋友，与他们分享、交流！

只需点击主面板下方的"找朋友"打开"搜人"页面，按照提示操作即可。

兴趣群组：轻松加入或创建兴趣群组，聚合您的同趣好友。

您是否为召集一次贴吧聚会而烦恼？百度 Hi 兴趣群组为志同道合的吧友们提供了一个广泛交流、畅所欲言的场所。

您可以同时参加 30 个群组，每个群组支持多达 256 个成员！无论您有多少种兴趣爱好，总能找到合适的群组。

百度空间：一键进入您的百度空间，即时提醒好友空间更新。

点击主面板上的空间图标，无需重新登录，即可进入您的空间首页。

如果联系人头像左侧出现，那一定是好友的空间更新拉，这可是抢沙发的利器哦！

密友排行：可按联络频繁度对好友排序，您的"密友"一目了然。

研究表明，平日里与您经常联系的人数不超过 20 个。您是否为在众多联系人中找到这 20 个"密友"而痛苦？在百度 Hi 中选择"按联系频度排序"，与您联系最频繁的好友便一目了然！

邮箱登录：记不住用户名？常用的电子邮件地址也可以登录。

您是否为申请过众多网络账号而遭遇记忆烦恼？开通"邮件地址登录"功能，就可以使用最常用的电子邮件地址登录百度 Hi 了。

如果您的朋友也开通了这项功能，直接通过他的邮箱地址就可添加他为联系人。

皮肤换色：自由切换界面颜色，随时展现我的心情。

我的心情我做主！点击百度 Hi 主面板按钮，即可自由切换百度 Hi 颜色，随时展现我的多彩心情！

第三章　网上办事

第一节　网上办事指南

越来越多的政府部门和企事业单位推出门户网站，并通过网站向民众发布信息以及办理各种事件，从而简化办事流程，提高政府部门信息的使用效率，方便社会。

对于网上办事，我们只需登陆相关网站，按照指示一步一步操作下来即可。下面将以×警网补办身份证以及养老保险查询为例，为大家介绍网上办事流程。

例如：×××政府官网，点击进入相应的办事窗口，根据提示办理即可。

办事指南

中心窗口	中心事项	分中心		
工商局	环保局	卫生局	安监局	商务局
住建局	规划局	国土局	发改委	经委
教育局	公安局	盐务局	消防支队	交通局
农业局	民政局	体育局	人劳局	财税局
国税局	质监局	药监局	文广局	统计局
水利局	气象局	人防办	烟草局	林业局
电力局	电信局	民族宗教事务局	物价局	贸粮局
档案局	司法局	旅游局	国安局	计生委

面向个人：

- 劳动就业　　▪ 住房　　　▪ 生育　　　▪ 社保
- 车辆　　　　▪ 出入境

面向企业：

- 登记设立变更　▪ 财会税务　　▪ 城市管理　　▪ 质监检验
- 安防消防　　　▪ 车船交通　　▪ 土地房产　　▪ 工程建设
- 医药卫生　　　▪ 农林牧渔　　▪ 水电地矿　　▪ 民政司法
- 环保气象　　　▪ 科教文体　　▪ 其他项目

- 出入境服务分中心　　▪ 车辆服务分中心　　▪ 社会保险服务分中心
- 国税服务分中心　　　▪ 地税服务分中心　　▪ 开发区服务分中心
- 电力分中心　　　　　▪ 住房公积金分中心　▪ 金融分中心
- 水业分中心

第二节　身份证补办

居民身份证遗失补领网上受理需本人办理（16 周岁以下由监护人代为办理）。

一、第一种方法

现在全国大部分地方网上还无法补办身份证，需要到户口所在地派出所去补办。公安机关会先核实你身份，然后给你打印一份《居民身份证申领登记表》并由本人在登记表上签字，签字了就说明你认可自己的身份信息准确无误，然后交费照相，发给你领身份证的凭证，等待几个工作日后办好了身份证将通知你拿此凭证来领取新证。

补办须携带的相关证件：

1. 户口本原件或复印件。

2. 带上能证明你身份并附有照片的工作证、学生证、结婚证或驾驶证等。

由于现在很多人不在户籍所在地工作，回原籍办理二代证不方便，因此部分地方为了方便外出工作人员办理身份证，由公安部批准，可以由其家人或亲属持外出人员户口簿到常住户口所在地公安机关代为办理申领手续。代办身份证需要申领人的户口本原件和复印件，在二代身份证指定照相馆照好的照片，委托办理身份证的委托书等。委托书内容应包括：申领人办证原因，申领人与代办人的关系，代办人的姓名、身份证，以及申领人的亲笔签名。例如：

委托书

由于本人的时间/地点关系（写具体实际原因）不能赴…（办身份证的地址）办理二代身份证，现委托…（被委托人）帮我办理二代身份证和户籍事宜。

特此证明

你的亲笔签名

如果你以前办理过二代证，遗失申请补领，则不需要再次采集照片，户籍地派出所都有保留的，只要亲属到户籍地派出所直接补领就可以了。

公安部统一规定，办理二代身份证收费 20 元，并提供定额发票。另外，身份证丢失补办的，收 40 元。

二、第二种方法

就是我们要详细讲述的网上身份证补办了。下面以湖南身份证补办为例。

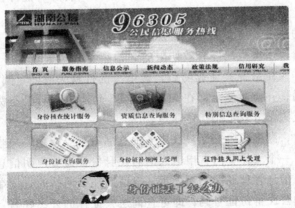

湖南省公安厅户政服务中心启动居民身份证遗失声明信息网上受理服务试点，居民身份证证件遗失本人登录湘警网或湖南省公民信息管理局网站即可完成证件遗失声明。

"证件挂失网上受理"截屏

网上受理的服务对象为遗失居民身份证的湖南户籍公民。办理流程为，证件遗失本人（未成年人由其成年直系家属代理）登录湘警网（www.hnga.gov.cn），进入"网上受理"栏目，或登录湖南省公民信息管理局网站（www.96305.com），点击"证件挂失网上受理"栏目，阅读居民身份证遗失声明服务网上受理须知，按照受理系统的要求，填写证件遗失公民的姓名、公民身份号码（第一代居民身份证须填写证件有效期限的起始年月日和截止年月日）。证件遗失本人在系统验证成功后，再填写证件遗失时间、邮寄地址、联系电话，并核对签名，在5日内将25元遗失声明服务费通过网上银行或人工方式汇到指定账户。

同时，湖南省公安厅户政服务中心承诺，自指定账户收到汇款之日的下一个工作日内，申请人的居民身份证遗失声明信息将在湖南省公民信息管理局网站上公示，申请人在该网站的查询端口内录入本人的公民身份证号码，即可查询遗失证件的公民姓名、公民身份号码、证件有效期限的起始和截止年月日、遗失声明信息发布的日期。除收取每证 25 元的遗失声明服务费外，受理单位不再收取其他任何费用。湖南省公安厅户政服务中心接受群众咨询、监督。

　　进行网上身份证补办的地方补办办理程序是：登录户籍所在地公安局网站，这里我们的地点选择的是湘警网。

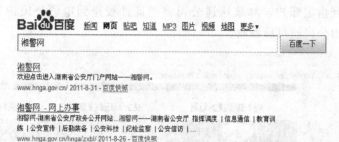

今天是：2011 年 09 月 01 日　星期四

　　阅读《居民身份证遗失补领网上受理服务须知》，按照网上受理系统要求提交申请，提供本人（监护人）户口簿影印件及近期头部正面彩色数码照片（所提供的照片仅作系统审核用，制证仍采用原申领证件的照片），填写相关信息并核对签名，并5日内将40元工本费、45元异地受理服务费、20元特快专递费、1.5元信封面单费汇到指定账户。邮政速递公司将把证件投递到申请公民指定地点，由公民核对后签收。

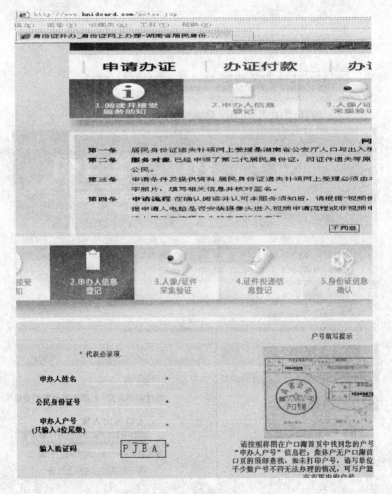

除登陆湘警网以外，还可以登录湖南省公信网（www.96305.com），点击"身份证网上办理"图标。

也可直接登录第二代居民身份证网上自助受理平台（www.hnidcard.com），进入"申请办证"栏目，然后按照以上步骤就可以完成申请。

第三节　社保

根据《城乡居民社会养老保险政策法规》相关规定，城乡居民养老保险于 2009 年试点，之后逐步扩大，在 2020 年之前基本实现对农村适龄居民全覆盖。我们可以通过网络了解并查询社保参保条件及办事流程。

一、社保的定义

社保全称社会保险，指一种社会保险或保障机制，帮助公民面对某些社会风险如：失业、疾病、事故、衰老、死亡等，或是保障基本的生存资源如：教育、医疗等。

二、社保办理程序

（一）申请人提交申请材料

（二）受理材料

申请材料齐全的，应当场受理并出具受理通知书。

申请材料不齐全或者不符合法定形式而当场又不能补正的，受理部门出具不予受理通知书，并一次注明需要补正的全部内容；

社保部门在受理申请材料后发现申请材料不齐全或者不符合法定形式的，应当在 5 个工作日内发出补齐材料通知书告知申请人需要补齐的全部内容；

受理机关接收申请材料后发现申请材料不齐全或者不符合法定形式的，应当在 5 个工作日内书面一次告知申请人需要补正的全部内容。

申请人补正材料后，可重新申请。

（三）审查批准时限

当月 15 日前（含 15 日）申请确认的，当月进行登记；当月 16 日后申请的，次月进行登记。

三、养老保险查询

我们以湖南养老保险为例，对于查询养老保险，医疗保险等的情况，我们首先要登陆湖南养老保险网（http：//hn. cnpension. net/）。

点击湖南社保查询，进入页面后，点击湖南省省养老保险个人账户查询，填写好信息即可查询。

中国养老金网
CNpension.net

首页 | 养老金快讯 | 企业年金
商业养老保险快讯 | 商业养老保
人力资源 | 薪酬福利 | 退休计
招聘 | 专题聚焦 | 政策法

首页 ＞ 地方 ＞ 湖南 ＞ 湖南社保查询

图 湖南社保查询

- 湖南省医疗保险个人账户查询
- 湖南省省养老保险个人账户查询
- 长沙市医疗保险个人账户查询
- 长沙市养老保险个人账户查询
- 岳阳市住房公积金个人账户查询
- 张家界市住房公积个人账户查询
- 张家界养老保险个人账户查询

地方 ＞ 湖南 ＞ 湖南社保查询 ＞ 正文

湖南省养老保险个人账户查询

www.cnpension.net　2009-12-28 16:04:20　中国养老金网

湖南省养老保险个人账户查询

身份证号：

查询密码：

忘记密码

第四节　网上订票

一、网上订购火车票

（一）网上订火车票流程

下面以火车票网为例，介绍网上购票的流程。进入火车票网后，点击火车票代购。

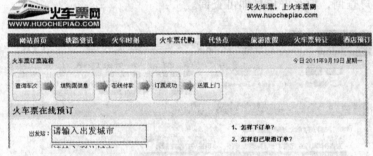

填写火车票信息，包括出发站，到达站和出行日期。

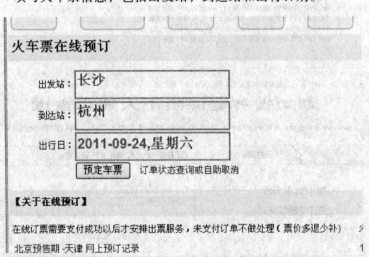

点击预订车票后，进入线路信息页面。

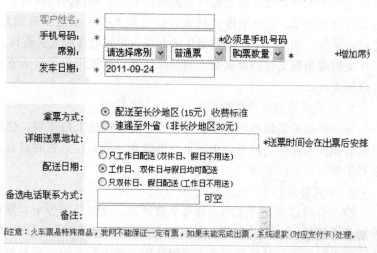

车次	出发到达	开车时间	到达时间	运行时间	里程	硬座	软座	硬卧上中下	软卧上下	代购
K1374/K1375 空调快速	长沙 杭州南	00:47	13:42	12小时55分	989	130	-	224/232/239	350/365	买票
D107/D106 动车组	长沙 杭州南	10:36	18:29	7小时53分	989	243	300	0/0/0	0/0	买票
	长沙									

点击买票后即进入信息填写页面，填写好信息后，即可。

客户姓名：　＊ [　　　　　　]
手机号码：　＊ [　　　　　　]　＊必须是手机号码
席别：　　　[请选择席别▾] [普通票▾] [购票数量▾] ＊　　+增加席别
发车日期：　＊ [2011-09-24　　]

拿票方式：　◉ 配送至长沙地区（15元）收费标准
　　　　　　○ 速递至外省（非长沙地区20元）
详细送票地址：[　　　　　　　　　]　＊送票时间会在出票后安排
　　　　　　○ 只工作日配送（双休日、假日不用送）
配送日期：　◉ 工作日、双休日与假日均可配送
　　　　　　○ 只双休日、假日配送（工作日不用送）
备选电话联系方式：[　　　　　] 可空
备注：　　　[　　　　　　　　　]

注意：火车票是特殊商品，我网不能保证一定有票，如果未能完成出票，系统退款（对应支付卡）处理。

（二）网上预订车票常见问题

1. 怎样下订单？

答：在火车票网首页搜索到需要的车次后，点"买票"进去，无须注册，可直接下订单。或者在火车票网首页点击"我的火车票"进去后也可直接下订单。下订单时尽量提供详细说明，比如车次可多选几个，席别可选硬卧上、中、下，没有硬卧选硬座或软卧也可，等等。

2. 怎样自己取消订单？

答：如果已支付成功订单需要取消，预售期外可以随时取消，

首页选择"我的火车票"进去,点击"订单取消"页面,输入下订单时留的手机号,进入后选择取消订单,按提示操作即可;预售期内的需要致电客服人员取消。

3. 怎样知道是否订票成功?

答:预售期到了以后,工作人员会及时处理,是否有票会有短信通知,请注意查看手机短信。也可以致电客服人员咨询。

4. 订票不成功如何退款?

答:如果订票不成功,工作人员会即刻放弃订单,并提交退款至原支付卡银行处理,因为银行退款流程复杂,处理时间较慢,一般银行储蓄卡 2－5 个工作日到账,信用卡 7－14 个工作日到账,请耐心等候,如果过了上述期限还未到账,可致电客服人员查询。

支付宝余额支付的退款是立刻到账,所以建议用户尽量走支付宝余额支付。

5. 订票成功怎么样收取票?

答:目前开通城市的订票业务,可以选择快递上门送票,快递费也有相应的标准,以下订单网页上的提示为准。注:暂时只有北京和上海可以上门自取。

6. 如何补款?

答:有时订单支付成功,却提示要补款,可能是因为个别票价差别等引起的,进入"我的火车票",点击"订单取消"页面,输入下订单留的手机号码后,点击网银补款,进去后会提示所补的差价,支付成功即可。

因票价差别有时也会出现多付款的情况,实际出票后如果有多余票款,工作人员会退款至原支付卡内。

二、网上订购机票

(一) 网上订机票流程

随着电子商务的发展,更多人选择在网上预订机票,现通过在国航官网(AirChina.com.cn)预订机票的实例与大家分享如何在网上方便快捷的预订机票。

首先，登陆。

可以发现国航官网是一个旅游类产品非常全的网站，从导航上找到"预订管理"点击进入，即可进入机票预订频道。

然后选择网上购票。

搜索框选择航线

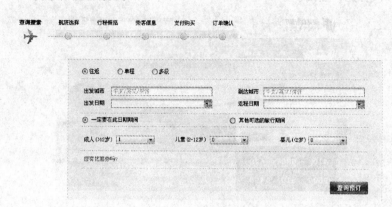

（1）航程分为单程、往返、联程可以根据自己的选择。

（2）点击城市选择框会自动跳出城市选择框，你可以从中选择到全国所有有机场城市。

（3）确定好从哪儿到哪儿，最后一步是确定好出发的时间。如果是往返或者联程要选择两个时间。

（4）最后点击搜索即可进入机票查询结果页面。

			9月19日星期一 940	9月20日星期二 940	9月21日星期三 940	9月22日星期四 830	9月23日星期五 830

每位旅客不含税价格，价格单位：人民币

					头等商务舱		经济舱
航班	出发时间	到达时间	机场	机型	高端全价	商服知音	折扣经济	超值特价	暴手惠往
CA4354	09:00	11:00	CAN-CKG	738	○1,180	◉940	已售完	已售完	已售完
CA4320	10:35	12:25	CAN-CKG	738	○1,180	○940	已售完	已售完	已售完
CA4350	16:10	18:00	CAN-CKG	738	○1,180	○940	已售完	已售完	已售完
CA4342	19:40	21:30	CAN-CKG	73G	○1,180	○940	已售完	已售完	已售完
CA1720	10:40	12:35	CAN-HGH	319	○2,410	○2,110	已售完	已售完	已售完
CA1761	15:30	17:55	HGH-CKG	319	[7]	[3]			

● 剩余座位数目

您的选择

田 机票价格：广州白云机场（CAN）- 重庆江北机场（CKG）
1 成人, 2011年9月20日 星期二, 09:00 - 2011年9月20日 星期二, 11:00　　　　　940

如果有适合你的航班可以直接点击进入查询航线信息。

航班选择

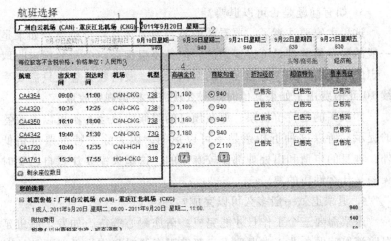

下面介绍下航线呈现页面的各处的信息显示：

[1 处] 显示航线及航线类型。

[2 处] 该航线出发时间。

[3 处] 价格日历，每日最低价格的呈现，点击可以快速进行时间的调整。

[4 处] 为特价机票。

其余部分显示为非特价票，因为特价票有一些购票限制，大家要根据自己实际情况选择预订。

注意：在选择航线时候一定要注意看清航线信息，以免买票出错。

（二）网上预订机票常见问题

1. 网上怎么订票，凭什么拿票、登机。

现在网上订票都是采用电子出票，凭有效身份证登机。注：除取消、退票等情况，正常购票除了机场建设费和燃油费，其他费用一概不需要，大家需谨慎那些要求付其他费用的消息。

2. 网上订机票通过什么方式？

每个预订网站的支付平台可能不太一样。一般都支持信用卡支付、支付宝支付、手机银联卡支付、网上银行支付还有银行转账支付。

3. 如有问题是否可以退票？

这里大家要注意了，要看买的是普通票还是特价机票。如果是一般的票登机前都是可以退票的，但是要根据航空公司的规定收取一定的手续费。如果是当天买的票当天退，及时联系客服只需要手续 10 元的费用，如果其他时间那么就需要根据规定收取。

如果买的是特价机票，那在预订的时候应该会有不可以退改签的提示，所以这种折扣票是不可以退的，因为除了特价票价格低外，本身的申请和出处理都比较麻烦的，这里大家要注意自己到时买的是什么性质的票。

4. 退票退款一般多久可以完成？

退票需要三个工作日才能完成，请您耐心等待，如发生航班延误取消等问题，非正常退票，一般客服会及时和您沟通退票的情况和时间。退票后剩余的票款会自动退回到您原来支付的账户。

（1）如果是通过支付宝余额支付的票款，退票完成后的票款是即时到账的，直接查询您的支付宝账户即可。

（2）如果您是通过支付宝网上银行支付的票款，退票完成后的 1 - 3 个工作日内通过支付宝直接退回至您的银行账户。

（3）如果您是通过信用卡支付的票款，退票完成后的 14 个工作日内退回至您的信用卡账户。

如果票款未及时退还到账户，那就需要和客服进行联系确认。

5. 一般什么时间机票会打折？

各个时间段都会有打折票，一般提前 15 - 20 天留意自己想要预订的机票，这个时候的特价票一般都是比较多的。对于节假日的话还可以有个侥幸心理，有时还可以在节假日来临前 2、3 天买到特价票，因为那时航空公司也会不时的放出一些没有售出的舱位。

6. 订机票需要什么证件？

居民身份证、规定可使用的有效护照、军官证、警官证、士兵证、文职干部或离退休干部证明，港、澳地区通行证、回乡证，台湾居民台胞证，16 周岁以下未成年人的学生证、户口簿、出生证等证件。这些就是所谓"有效身份证件"。

7. 儿童和婴儿怎么购买机票？票价多少？没有身份证如何登机？

婴儿是全价的 10%，不过网站上不提供婴儿购票，所以最好和成人一起去机场买票，如有问题具体的还可以咨询下相应的航空公司。

儿童一般是全价的 50%，而且不可以单独购票，需有大人陪伴。

婴儿可以凭出生证明，儿童带上户口本即可。

8. 机票预订错可以换吗？

除了特价票不可以退改签，其他的票登机前都可以向客服申请变更，收取相应手续费即可。

9. 一般网上显示的机票价格包不包括机建和燃油费？

通常是不包括的，只是机票本身的价格。当然不排除有些网站搞的打折活动。

第四章　网络学习

第一节　什么是网络学习

所谓网络学习，就是指通过计算机网络进行的一种学习活动，它主要采用自主学习和协商学习的方式进行。相对传统学习活动而言，网络学习有以下三个特征：一是丰富的和共享的网络化学习资源。二是以个体的自主学习和协作学习为主要形式。三是突破了传统学习的时空限制。

第二节　如何进行网络学习

一、远程网络学习的准备

1. 良好的硬件条件：这包括电脑的配置和上网的条件。
2. 完备的教学材料：教材、参考书、课件光盘。
3. 网络学习的观念：
在现代远程网络学习中，师生在时间上和空间上经常是分离的。教师和学习者的地位、作用和传统教学相比已发生很大变化。教师不仅仅是知识的传授者、还是学习过程中的指导者和促进者；学习者则以自主学习为主，要求具有较高的学习自觉性、良好自学能力和自我学习管理意识。教师的课堂授课要进一步转化为网络教学课件，并在教学环节添加了网上答疑、网上布置／批阅作业、网上组织学生讨论、提供网络学习资源等。学习者的学习形式为网络课件或光盘课件学习，参加实时和非实时的在线答疑和讨论、自测和练习、浏览相关课外资源，等等。

4. 定时上网的习惯：

也许你以前并不习惯经常上网，但参加了网络学习，就要经常光顾学习平台。在这里，你可进行课程学习，听名家讲座，和同学老师交流，及时地获得教学、教务通知等系列信息。在这里，你会感受到你的学习不是孤军奋战，老师、助教、班主任和众多志同道合的学友就在你的身边。

二、学习时间

参加远程网络学习的学员，大部分为在职人员，工作社会活动都比较繁重。在这种情况下，再挤出时间参加学习，提高自己的知识水平，统筹合理地安排学习时间是很重要的。

你可以尝试将固定的业余时间做一下系统安排，就不难发现还是可以挤出许多时间来学习的。如果你每周能够挤出 10 – 15 个小时的时间，基本上就能够满足你完成一周的学习任务。然后，你可以根据你的时间安排制定一个"周学习计划"，将学习分散，比如：你可以每天安排 1 – 1.5 个小时学习，周末适当增加，将学习分散安排，既不至于学习得太辛苦，更有利于保持学习效率。

将学习时间分散使用与集中一天学习许多小时相结合方式，会取得较好的学习效果。关键是要有持之以恒的精神，不能轻易放弃每一天的学习。而且要保持较高的学习效率，过于疲劳或精神不佳时不能勉强进行学习，否则会失去对学习的兴趣。

三、合理有效地保证学习进度

网络教育虽然在时间和空间上给同学们提供了较大的自主性，但是也一定要按照正常的教学计划和自己制定的合理学习进度进行学习，循序渐进。千万不要平时对课程不闻不问，到了临近考试才开始学习，这样只会让你手忙脚乱。根据教学经验，这样的同学往往在最后仓促开始学习时，遇到了远远超出他们想象的困难和压力，常常是无法坚持完成全部课程的学习，最后只好放弃考试。因此，按照教学计划和时间进度安排日常学习，养成当天任务当天完成的良好学习习惯，会使同学们的学习过程既轻松愉快，又能取得较好的效果。

要制定自己的个人学习计划。个人学习计划就是学生对自己所要学习的全部课程所做的总体规划。从大处着眼，总体规划包括你打算几年完成学业，在这个时间内每学期要求选修多少学分、完成多少门课程，申请学位及如何安排相应的准备工作，等等。从小处着手，应该了解每门课程的教学计划和学习计划，然后根据自己的实际情况，制定该课程的读书、课件学习、在线学习、在线讨论、论文阅读、和作业等学习活动的个人计划和时间安排。

四、利用网络学习

（一）如何解决不会的问题？

1. 最一般的方式——去专业论坛交流学习；

2. 类似的方式，但更便捷——进行网上问答（如百度知道、新浪爱问）；

3. 直接利用搜索引擎搜索问题相关主题。

（二）有哪些可利用的学习资源？

1. 一般在大的 bt 发布站（如 BtChina）可下载电子书、教学软件（或课件）、视频等学习资料；

2. 不妨去一些免费电子书下载网站看看（如公益电子书）；

3. 如果你想学习外语，有以下途径可以快速的找到自己需要的资源：

（1）直接访问国外网站，多读多看，必有进步；（2）利用在线词典（如百度词典、金山词霸在线词典）随时查询自己不会的单词、短语；（3）收听国外网络广播（可以看看微软的电台指南），了解异国文化。

4. 参加网上讲座（一般都是付费的）；

5. 到网校学习（就是我们常说的远程教育网站了，几乎都是付费的，也有很多免费开放的）。

（三）心得

1. 网上学习一定要有很强的目的性；

2. 学会快速浏览，并能及时发现有价值的信息非常重要；

3. 要做好学习笔记，在学习中笔和纸有其不可替代的优势；

4. 学会有效提问，这样高手就能更好的回答你的问题；

5. 不同水平的学习者有不同的去处，要做不同的事情。对于初学者，学的一般是一些规定、概念、基本方法、基本思路；对于研究者，学的一般是解决复杂问题的技巧；这两者是不同的。

五、网络学习的环境与技术

（一）网络学习环境概述

网络教室也称为多媒体网络教室。是集成了多媒体技术和网络技术的一种信息化教学环境。它既能呈现出形式多样的教学内容，又能提供各类丰富的学习资源，能够支持学生的自主、合作、探究性学习活动。

其功能包括：

1. 广播；

2. 分组教学；

3. 语音教学；

4. 监控；

5. 演示；

6. 黑屏；

7. 电子白板；

8. 联机讨论；

9. 网上影院；

10. 文件传输；

11. 远程信息；

12. 远程配置；

13. 设置；

14. 远程开机、关机；

15. 帮助。

（二）网络教室的构成

1. 教师机：是教师使用的多媒体计算机。教师不仅与其他媒体设备相边，而且通过网络设备与学生机相连。教师通过教师机能够组织教学活动，控制教学进程。

2. 学生机：是学生使用的多媒体计算机。学生通过网络设备与其他计算机相连，既可以访问本地资源又可以访问外部网络资源。

3. 控制系统：控制系统包括控制面板和电子教室（广播软件）。控制面板能够控制各媒体设备之间的切换；电子教室能够实现教学演示、视频广播和集体讨论等教学功能。

4. 资源系统：包括辅助备课资源、学科资源库和素材库等。

（三）数字图书馆

数字图书馆（Digital Library）是用数字技术处理和存储各种图文并茂文献的图书馆，实质上是一种多媒体制作的分布式信息系统。它把各种不同载体、不同地理位置的信息资源用数字技术存贮，以便于跨越区域、面向对象的网络查询和传播。它涉及信息资源加工、存储、检索、传输和利用的全过程。通俗地说，数字图书馆就是虚拟的、没有围墙的图书馆，是基于网络环境下共建共享的可扩展的知识网络系统，是超大规模的、分布式的、便于使用的、没有时空限制的、可以实现跨库无缝链接与智能检索的知识中心。

数字图书馆是一门全新的科学技术，也是一项全新的社会事业。简而言之，数字图书馆就是一种拥有多种媒体内容的数字化信息资源，能为用户方便、快捷地提供信息的高水平服务机制。

虽然称之为"馆"，但并不是图书馆实体：它对应于各种公共信息管理与传播的现实社会活动，表现为种种新型信息资源组织和信息传播服务。它借鉴图书馆的资源组织模式、借助计算机网络通讯等高新技术，以普遍存取人类知识为目标，创造性地运用知识分类和精准检索手段，有效地进行信息整序，使人们获取信息消费不受空间限制，很大程度上也不受时间限制。

其服务是以知识概念引导的方式，将文字、图像、声音等数字化信息，通过互联网传输，从而做到信息资源共享。每个拥有任何电脑终端的用户只要通过联网，登录相关数字图书馆的网站，都可以在任何时间、任何地点方便快捷地享用世界上任何一个"信息空间"的数字化信息资源。

数字图书馆既是完整的知识定位系统，又是面向未来互联网发展的信息管理模式，可以广泛地应用于社会文化、终身教育、大众媒介、商业咨询、电子政务等一切社会组织的公众信息传播。

（四）网络博物馆

因为网络环境改变了博物馆馆藏概念的内涵和外延，网络时代的博物馆是以电子图片、视频、文字等形式，通过网络展示（个人或事件）陈列品的网络公共空间。按照展示的内容分为综合性网络主题纪念馆、专业性网络主题纪念展览馆和个人网络纪念馆。专业性网络博物馆又可分为艺术收藏、绘画书法、艺术设计、摄影、卡通动漫等不同类型的主题展馆。网络纪念馆从传统意义陈列，演变为网络化，促进了人类曾经和正在创造着的优秀资源的共享。

（五）网上书店

顾名思义，网站式的书店。是一种高质量、更快捷、更方便的购书方式。网上书店不仅可用于图书的在线销售，也有音碟、影碟的在线销售。而且网站式的书店对图书的管理更加合理化，信息化。售书的同时还具有书籍类商品管理、购物车、订单管理、会员管理等功能，非常灵活的网站内容和文章管理功能。

第五章　网络音乐

网络音乐是指音乐作品通过互联网、移动通信网等各种有线和无线方式传播的，其主要特点是形成了数字化的音乐产品制作、传播和消费模式。通过电信互联网提供在电脑终端下载或者播放的互联网在线音乐，无线网络运营商通过无线增值服务提供在手机终端播放的无线音乐，又被称为移动音乐。

在论坛常能看见求助寻找某首歌曲或歌词的下载，其实只要稍微用心一点，就可以轻松找到你需要的歌曲。

1. 利用现有的 mp3 网站：

例如音乐极限：http：//www.chinamp3.com/

九天音乐：http：//www.9sky.com/

2. 搜索引擎

就是 www.google.com 和 www.baidu.com 里面网页搜索，直接输入你需要的东西。

第一节　音乐下载

MP3 的下载方法有直接另存下载、迅雷下载、网络传送带下载等，这里主要介绍直接另存下载和使用迅雷下载。

一、搜索 mp3 下载地址

1. 打开百度 mp3 搜索页：http：//mp3. baidu. com/；

2. 在搜索框输入关键字进行搜索；

（1）在搜索框内输入歌曲名，再点击"百度一下"搜索按扭，即可看到搜索结果页，如下图所示：

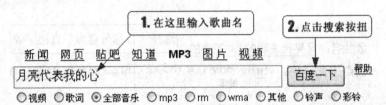

附：如果某首歌有几个歌手演唱的版本，或者有些歌曲同名但并非同一歌曲，这时您可以输入"歌曲名＋空格＋歌手名"进行搜索，搜索到的结果将是这个歌手演唱的版本，如下图所示：

（2）选择要搜索的歌曲格式类型，如 mp3、rm、wma 等。

（3）查找下载地址。单击搜索结果页中的歌曲名，在新打开的网页中查找歌曲下载地址，如下图所示。

以下内容系~~~~点击歌曲名的链接地址进入下载页~~~~的出处无关。使用前,请参阅权利声明。

	歌曲名	歌手名	专辑名	试听	歌词	铃声	大小
1	月亮代表我的心 齐秦的世纪情歌之迷	齐秦	世纪情歌之迷	试听	歌词	铃声	5.1 M
2	月亮代表我的心 齐秦的	齐秦	世纪情歌之迷	试听	歌词	铃声	3.4 M
3	月亮代表我的心 齐秦的世纪情歌之迷	齐秦	世纪情歌之迷	试听	歌词	铃声	5.1 M

二、下载 MP3

1. 直接下载（歌曲文件较小时采用）。

在歌曲地址上点击鼠标右键，在弹出的快捷菜单栏选"目标另存为"（如下图所示），然后选择好存放目录即可将歌曲下载到您的电脑里了。

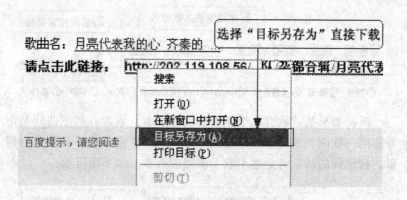

2. 使用迅雷下载（歌曲文件较大、下载速度较慢时使用）

在歌曲地址上点鼠标右键，然后在弹出的快捷菜单栏选"使用迅雷下载"（如下图所示），然后选好存放目录再点"确定"就可以了。

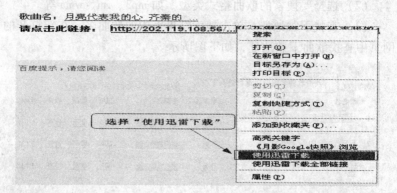

第二节　酷我音乐盒

一、酷我音乐盒介绍

酷我音乐盒是全球第一家集音乐的发现、获取和欣赏于一体的一站式个性化音乐服务平台。它运用世界最新的技术，为用户提供实时更新的海量曲库、一点即播的速度、完美的音画质量和一流的MV、K歌服务，是最贴合中国用户使用习惯、功能最全面、应用最强大的正版化网络音乐平台。

二、酷我特点

1. 酷炫界面　海量换肤：全新界面酷炫时尚，海量皮肤随意切换，彰显您的个性品位；

2. 我的口味　智能推荐：新增"我的口味"智能推荐，每天拥有专属于您的个性音乐；

3. 搜歌引擎　瞬间找歌：拼音搜索，歌词搜索，模糊搜索，让您瞬间找到自己喜欢的歌曲；

4. 完美音质　个性音效：新增音频图谱和均衡器，全面提升音质，实现专业播放完美音效；

5. 酷我K歌　一键练唱：新增"酷我K歌"，练歌录歌录MV一键搞定，轻松进阶K歌之王；

6. 一点即播　极速体验：全面提升播歌速度，一点即播，无需等待，即可享受美妙音乐；

7. 分类曲风　应有尽有：新增"分类库"，各种曲风应有尽有，总有一种适合您；

8. 高清MV　视听盛宴：优化MV播放，全面提升画质，为您奉上视听享受的满汉全席；

9. 音频指纹　轻松管理：优化音频指纹专利技术，优化播放列表，为您轻松管理海量音乐。

三、酷我的功能

1. 音乐搜索。

在"网络曲库"标签页中的搜索框中直接输入您想要的歌名、歌手名、专辑名还有歌词，然后点击"搜索"按钮，所要找的歌曲就会出现在搜索框下方。可以选择针对歌名、歌手名、专辑名、歌词进行搜索，还支持支持拼音搜索、模糊搜索。另外，在搜索同时也可对搜索记录进行查找，在搜索时，如果想找寻原来搜索的历史记录，可以点击搜索栏的旁边的下拉菜单按钮；会出现历史搜索记录，选中一条后可重新进行搜索。

2. 最新专辑推荐。在"网络曲库"标签页中点击左侧的"最新专辑"栏目，可以看到酷我音乐盒整理的近期最新发行的专辑。

3. 热门榜单推荐。在"网络曲库"标签页中点击左侧的"榜单家族"栏目，可以找到对应歌曲内容。

4. 分类库推荐。在"网络曲库"标签页中点击左侧的"分类库"栏目，分类音乐库呈现不同音乐类型的音乐与歌曲，如：热门分类、网络、dj、语言、主题等大分类、其中还有具体榜单与歌曲，这些歌曲将满足不同人群的需要。

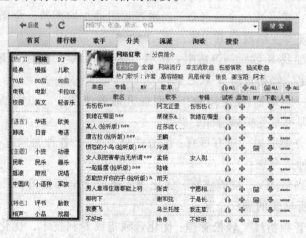

5. 歌手列表。在"网络曲库"标签页中"歌手列表"栏目，可轻松地找到喜爱歌手相关的音乐资源。可以使用"歌手搜索"功能快速找寻歌手（支持拼音与模糊搜索歌手等服务）。

6. 榜单推荐。在网路曲库左侧的"排行榜"栏目中查找到"全球音乐榜"；如下图。

7. 网友制作播放列表。酷我音乐盒可查看到其他用户所发布的播放列表，在右侧播放列表区域中的"我的列表"标签页中点击"网友列表"，之后将跳转至"酷我歌单"网站页面，寻找喜欢的音乐。

8. 添加歌曲与播放歌曲。

音乐盒最右侧为播放列表，可看到"默认列表"与"我的列表"：

播放列表用于组织喜爱的歌曲与 mv 等作用，可以通过添加歌曲到播放列表，来收藏喜欢的歌曲，不用下载这些歌曲，即可在线收听这些歌曲。

（1）添加网络歌曲到播放列表。

方法一：在音乐盒中点击"歌曲试听按钮"，即可试听歌曲并将歌曲添加到默认播放列表；也可以在网路曲库中，点击"试听全部按钮"，将整个曲库列表添加到默认播放列表中。

单曲	专辑	MV	讨论区				ALL	ALL	ALL	ALL
	歌名		歌手		专辑	试听	添加	MV	下载	人气
东风破			周杰伦		叶惠美					
借口			周杰伦		七里香					
七里香			周杰伦		七里香					
夜曲			周杰伦		十一月…					
黑色毛衣			周杰伦		十一月…					
发如雪			周杰伦		十一月…					
听妈妈的话			周杰伦		依然范特西					
菊花台			周杰伦		依然范特西					
简单爱			周杰伦		范特西					
彩虹			周杰伦		我很忙					
牛仔很忙			周杰伦		我很忙					
蒲公英的约定			周杰伦		我很忙					
青花瓷			周杰伦		我很忙					
甜甜的			周杰伦		我很忙					
稻香			周杰伦		魔杰座					

方法二：

在网路曲库－歌曲列表区域选中（一首或多首）歌曲后，

①单击右键鼠标，在菜单中选择"播放歌曲"或将歌曲添加到指定播放列表中；

②在出现同一操作按钮后，点击统一操作按钮，并选择"播放歌曲"选项，将歌曲添加到播放列表中；

③可直接将歌曲拖拽到歌曲列表中；

（2）添加本地歌曲或目录到播放列表。

方法一：

在音乐盒右侧的播放列表区域下面，点击"添加"按钮，选择

"添加本地歌曲文件"或"添加本地歌曲目录",将本地歌曲添加到播放列表。

方法二:

在音乐盒右上角点击"主菜单"按钮,选择"打开……",选择相应歌曲文件,便可以添加本地歌曲;

(3)播放网库歌曲。在音乐盒"今日推荐标签页"与"网路曲库标签页"中找到想要播放的歌曲资源:

①点击"歌曲试听按钮",即可试听网库歌曲;

②双击选中歌曲资源,同样也可以进行播放;

③在网路曲库中,点击"试听全部按钮",将整个曲库列表添加到默认播放列表中;

9. 添加与播放 mv 方法。

(1)在音乐盒"网路曲库标签页"中找到想要播放歌曲的 mv 资源时,点击 mv 播放按钮 ,即可播放;

（2）在播放列表中，点击歌曲前的 mv 播放按钮；

（3）在试听歌曲同时时，在"正在播放"标签页的左下角点击"mv"或"伴唱"按钮；将直接播放歌曲 mv。

已安装酷我 k 歌软件，将直接启动 k 歌软件并播放歌曲资源；

（k 歌详细帮助请见：http：//k. kuwo. cn/help - kg. html)

10. 下载歌曲。

（1）下载歌曲介绍。

使用酷我音乐盒不单可以在线欣赏音乐，还可以将音乐文件下载到本地收藏保存；

（2）下载具体操作。

①在"网络曲库"与"今日推荐"标签页中，找到需下载资源后：

a. 单击"下载"按钮；

b. 在网库曲库标签页的歌曲列表区域中点击"鼠标右键"，选择"下载歌曲"选项；

c. 在网库曲库标签页的歌曲列表右上侧点击"下载 all"按钮（将下载歌曲列表区域内全部歌曲）。

②在点击下载按钮之后，将会有"下载提示"选项菜单；可根据个人的需要对歌曲资源选择"下载目录"与"下载音质"；在选择好之后，点击"确定"按钮；

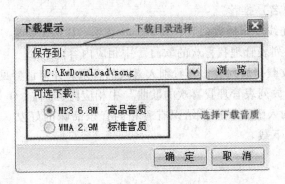

③下载歌曲资源，将会在"本地曲库"标签页"下载管理"面板中的"正在下载歌曲"中出现；

④歌曲资源下载完成之后，点击"已下载歌曲"后将可以找到下载完成的歌曲资源情况；双击歌曲或点击播放按钮即可试听已下载歌曲。

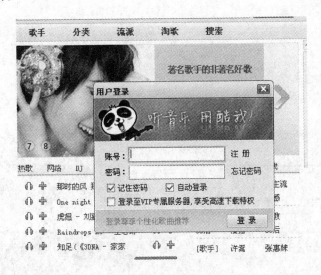

登录到音乐盒将给您带来许多额外的功能，这包括：

1. 软件个性化："我的播放列表"栏目下的"我的播放列表"将改变为"（用户名）的播放列表"；"为我推荐"将改变为"酷我为（用户名）推荐"。

2. 在线发布播放列表，共享美妙音乐。详情请参见"2.4 如何使用播放列表管理我喜欢的歌曲"中相应内容。

3. 收藏播放列表，查看别人喜欢的音乐。详情请参见"2.4 如何使用播放列表管理我喜欢的歌曲"中相应内容。

4. 加入酷我社区，结识有着相同音乐品味的好友。下载：酷我音乐盒下载。

第六章 网络通信

第一节 即时通信

一、qq

即时通讯是一个终端连往一个通讯网路的服务类软件。即时通讯不同于 e – mail 在于它的交谈是即时的。我们日常生活已经开始离不开即时通讯了，那么，即时通讯到底是指什么软件呢，这里给大家详细介绍一下。主流即时通讯软件有：QQ、百度 HI、Skype 等。

下面以 qq 为例，介绍一款即时通信软件的应用：

1. 什么是 qq。

腾讯 QQ 是深圳市腾讯计算机系统有限公司开发的一款基于 Internet 的即时通信软件。腾讯 QQ 支持在线聊天、视频电话、点对点断点续传文件、共享文件、网络硬盘、自定义面板、QQ 邮箱等多种功能。并可与移动通讯终端等多种通讯方式相连。

2. 下载安装 qq 软件。

点击 http：//im. qq. com/qq/页面上的"下载"按钮就可获得最新发布的 QQ 正式版本。

若您想体验最新的 QQ 测试版本，请进入 http：//im. qq. com/ 的"最新资讯"栏目页面下载就可以了。

　　然后开始安装，在出现的《腾讯 QQ 用户协议》中选择"我同意"按钮，继续点击"下一步"进行安装。

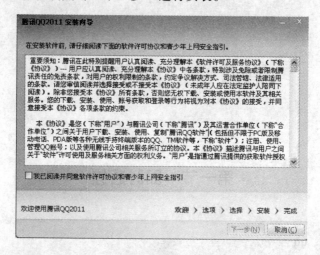

　　在此界面点击"下一步"在默认目录安装 QQ 或点击"浏览"选择 QQ 安装目录。

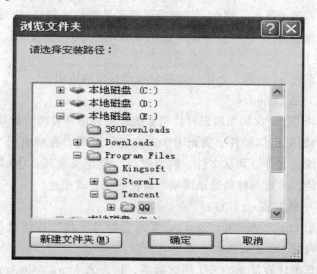

　　继续点击"下一步"，完成安装。

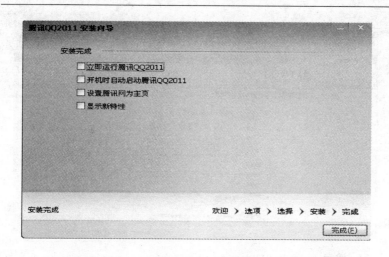

3. 申请 qq 号码。

在登录界面中点击"注册账号"，在弹出"注册账号"的网页中选择免费账号、靓号地带号码等您需要的服务。

您可直接申请免费的 QQ 号码。确认服务条款，填写"必填基本信息"，选填或留空"高级信息"，点击"下一步"，获得免费的QQ 号码。

4. 登录 qq。

首次登录 QQ，为了保障您的信息安全，您可选择登录模式。

运行 QQ，输入 QQ 号码和密码即可登录 QQ。您也可以选择手机号码，电子邮箱等方式登录 QQ。

5. 添加查找好友。

新号码首次登录时，好友名单是空的，要和其他人联系，必须先要添加好友。成功查找添加好友后，就可以体验 QQ 的各种特色功能了。

在主面板上单击"查找"，打开"QQ 20××查找/添加好友"窗口。QQ 为您提供了多种方式来查找好友。

按条件查找中可设置一个或多个查询条件来查询用户。您可以自由选择组合"国家"，"语言"，"省份"，"城市"多个查询条件。

群用户查找中可以精确查找和按条件查找。

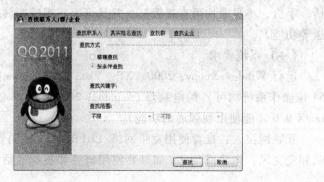

　　找到希望添加的好友，选中该好友并点击"加为好友"。对设置了身份验证的好友输入验证信息。若对方通过验证，则添加成功。

　　6. 发送即时信息。

　　双击好友头像，在聊天窗口中输入消息，点击"发送"，向好友发送即时消息。

二、Skype

　　Skype 是一家全球性互联网电话公司，它通过在全世界范围内向客户提供免费的高质量通话服务，正在逐渐改变电信业。Skype 是网络即时语音沟通工具。也具备其他功能，比如视频聊天、多人语音会议、多人聊天、传送文件、文字聊天等。它可以免费高清晰地与其他用户语音对话，也可以拨打国内国际电话，无论固定电话、手机、小灵通均可直接拨打，并且可以实现呼叫转移、短信发送等功能。

　　（一）系统要求

　　运行 Windows&copy；2000、XP、Vista 或 Windows 7（32 位和 64 位操作系统均可）的电脑。（Windows 2000 的用户必须安装 DirectX 9.0 才能使用视频通话功能）。

　　互联网接入：推荐使用宽带网络（GPRS 不支持语音通话）。喇叭和麦克风：内建或独立。如果要使用语音和视频通话，您的计算机至少要具备 1 GHz 处理器和 256 MB RAM，当然还需要网络摄像头。多人视频通话可以在 3 人或更多人（最多 10 人）之间进行。为了获得最佳体验，建议您最多与 5 个视频通话方通话。要实现多人视频通话，通话各方必须安装 Skype 5.0 for Windows，当然还要有网络摄像头。此外，还需要高速宽带连接（推荐使用 512 kbit/s 或者以上的下行速度），电脑的处理器至少是 1 GHz。

（二）如何下载、安装 Skype

1. 下载。

2. 下载完成后，运行安装 Skype。

点击下一步；

再点下一步然后就开始飞快的下载了。

3. 选择安装中使用的语言，阅读协议，并选择"我接受该协议"。

4. 安装完成后，请注册一个新账号。

5. 请认真填写您的资料，以便好友查找。

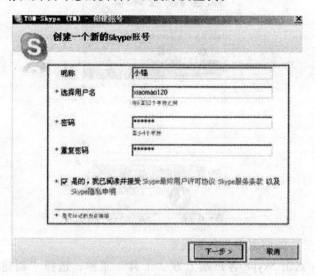

6. 填写邮箱地址，邮箱是您密码丢失找回的唯一途径。

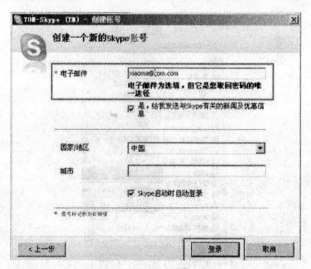

7. 恭喜！您已经成功注册并登陆了 Skype。

（三）如何创建公共聊天室

1. 点击 Skype 客户端上方"工具"菜单，选择"创建公共聊天室"；

2. 跳出视窗后，点击"开始按钮"。

点击"开始"按钮

3. 填写"聊天室主题"和选择"聊天室图片"，然后点击"下一步"。

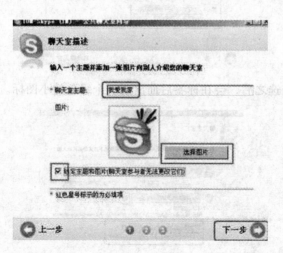

4. 设置"聊天室规则"，然后点击"下一步"。

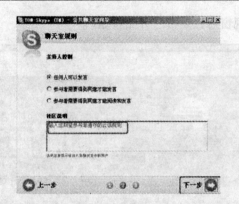

5. 您还可以通过以下方式邀请其他人加入该公共聊天室。

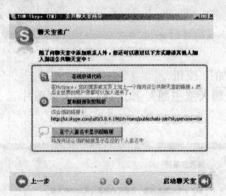

6. 点选之后，会在标签后面出现一个绿色的小图标。

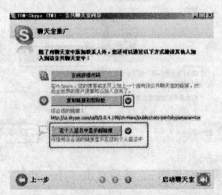

7. 完成后可以点选"启动聊天室"。

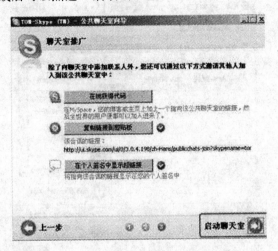

8. 启动聊天室后，可以看到自己是聊天室的创建人，也可以邀请更多人加入。

9. 点选窗口上方的"选项"菜单，可以设置"公共聊天室"。

10. 点击鼠标右键，创建人可以推荐其他人成为主持人，也可以屏蔽他人发言。

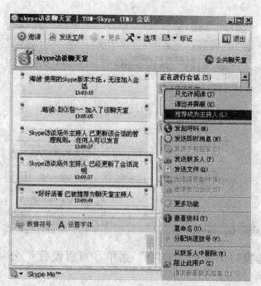

11. 创建人不能离开聊天室，除非推荐其他人成为主持人，或者关闭该聊天室。

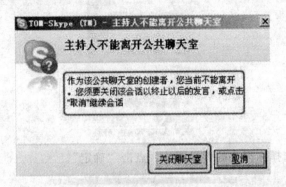

（四）如何添加签名和更换皮肤

1. 双击您的昵称，可以编辑签名。

2. 点击"个性化"，可以修改背景图片。

3. 选择你喜欢的背景图片，点击"确定"。

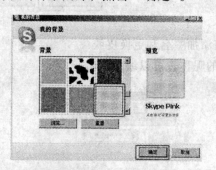

4. 更改后的背景界面。

5. 点击"浏览"按钮，可以选择您电脑中的图片。

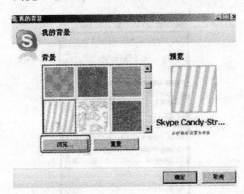

6. 选中图片后点击"打开"。

7. 然后点击"确定"。

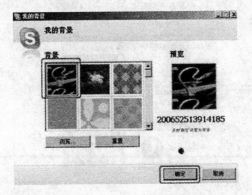

8. 更改后的背景界面。

（五）如何文字聊天与邀请多人聊天

1. 点选你要聊天的联系人，并选择"发送即时消息"。

2. 开始进行文字聊天，请在下方输入您要说的文字信息，单击"回车键"即可发送。

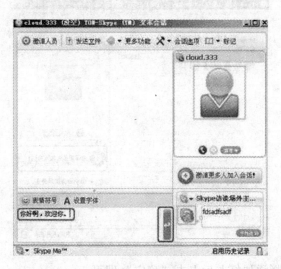

3. 也可以选择您要发送的表情符号。

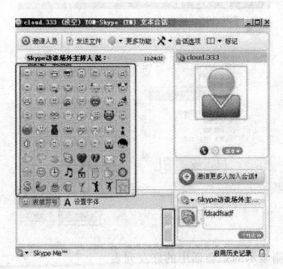

4. 还可以邀请更多的好友加入聊天对话。

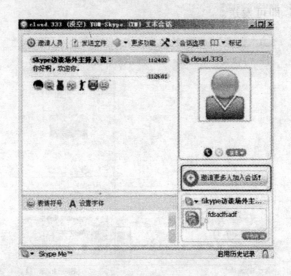

5. 选择添加好友后点击"确定"即可。

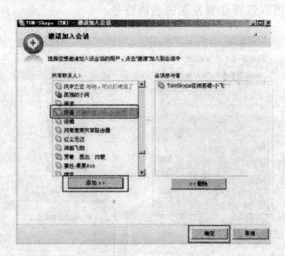

6. 右侧显示的是会话中的好友列表。

7. 单击窗口上方的"退出键",便可结束会话。

8. 单击窗口上方的"标记"菜单,可以方便下次进行对话。

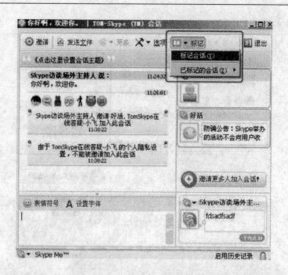

9. 单击窗口上方的"工具"菜单，即可看到已经标记的会话。

（六）如何语音聊天

1. 点选联系人，并点选窗口下方的绿色"通话键"即可邀请对方进行语音聊天。

2. 在得到对方的回应前，会显示"正在响铃"的状态。

3. 当对方接受你的呼叫后，即可进入线上通话中。

4. 对方与您保持了呼叫状态。

5. 在与对方通话中，您也可以点击鼠标"右键"选择其他功能项。

6. 在与对方保持呼叫的状态下，也可以接听别人的呼叫。

7. 当想要结束与对方的通话时，可点击窗口下方的红色按钮结束通话。

（七）如何创建会议

1. 点选窗口上方的"工具"选项，选择"创建语音会议"。

2. 添加所要邀请的联系人, 然后单击"开始"按钮。

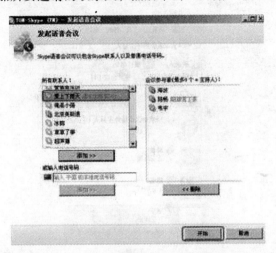

3. 语音会议开始连接。

4. 若要结束会议，则点击红色电话挂断的按钮即可。

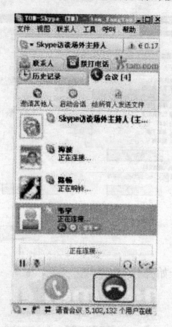

5. 确定结束语音会议。

（八）如何推荐我的联系人给好友

1. 点选您要发送的联系人名称，然后点击鼠标"右键"，选择"发送联系人"。

2. 单击"添加"按钮，添加您要发送的联系人。

3. 添加完毕，点击"发送"按钮。

4. 窗口的状态栏会提示此次发送联系人的成功数和失败数。

（九）好友如何分组

1. 点选窗口中上方的视窗选单加号标签，则可以添加新组。

2. 点击鼠标右键，可以"重命名组"。

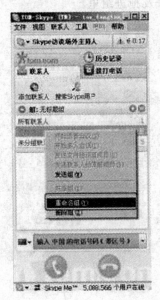

3. 显示组的列表和人数。

4. 可以直接把好友拖进组里。

5. 也可以删除分组。

6. 点击"删除"按钮则该组被删除。

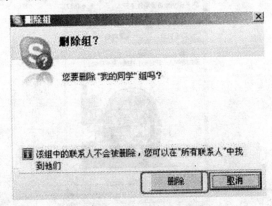

（十）如何进行视频聊天

1. 点选联系人，然后点击窗口下方的绿色通话键，则开始呼叫对方。

2. 对方接受你的呼叫请求并开启视频聊天功能，即可进行视频聊天。

3. 点击开启我的视频，对方就可以看到你。

4. 鼠标移动到视频窗口，可以选择视频窗口大小。

5. 点选"工具"菜单下的选项。

6. 在出现的视频设置中可以测试自己的视频，调试好保存即可。

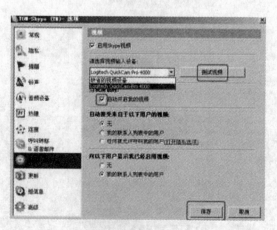

（十一）如何设置呼叫转移

1. 点选"工具"菜单下的"选项"。

2. 在出现的设置视窗中，点选"呼叫转移＆语音邮件"。

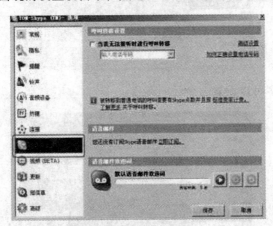

   3. 点选"当我无法接听时进行呼叫转移"选项，填写当您不在线时呼叫转移的电话号码或 Skype 号码。

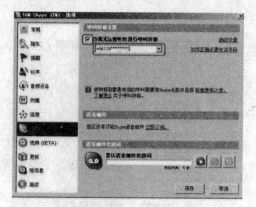

4. 同时也可以进行高级设置。

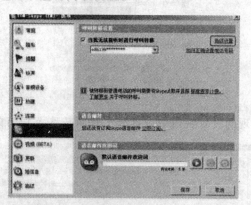

5. 最多可以设置三个呼叫转移。

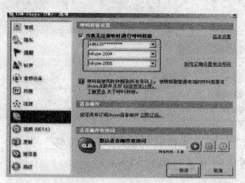

（十二）如何添加好友

1. 点选窗口上方的"联系人"菜单，选择"添加联系人"。

2. 当跳转到查找好友视窗时，填入要查找的好友用户名，点击
"查找"开始搜索。

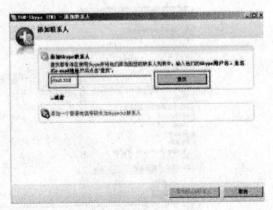

3. 搜索结果出来后，点击"添加 Skype 联系人"。

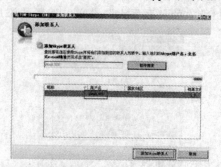

4. 发送请求开始验证你的信息。

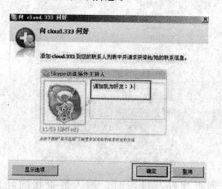

5. 好友添加成功。

（十三）如何收听语音服务

1. 点选窗口上方的绿色 tom.com 标签。

2. 选择其中一项语音杂志服务，点击"绿色电话"按钮。

3. 点击后，显示"正在连接"中。

4. 接通后，您就可以收听语音杂志了。

5. 点击红色按钮即可中断收听。

（十四）如何设置个人资料及其他项目

1. 点选窗口上方的"文件"→"编辑我的个人资料"。

2. 在弹出的个人资料视窗中填写您的详细资料，对头像设置则点击"更改"按钮。

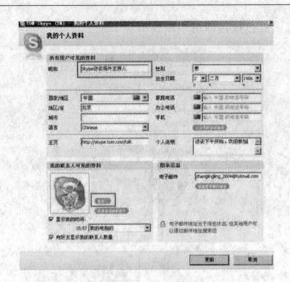

3. 单击"浏览"按钮。

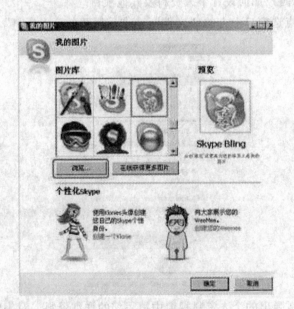

4. 选择一张您自己喜欢的图片，该图片您的好友都可以看见。

5. 也可以选择个人电脑中的图片，单击"打开"按钮即可。

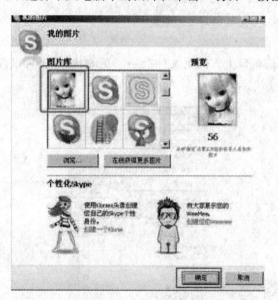

6. 点选窗口上方的"文件"→"我的 Skype 账户"→"修改密码"，即可修改密码。

7. 点选窗口上方的"文件"→"更改状态",可以选择您的在线状态。

8. 点选窗口上方的"工具"→"选项"。

9. 点选"设置铃音"选项，可修改您的铃音。

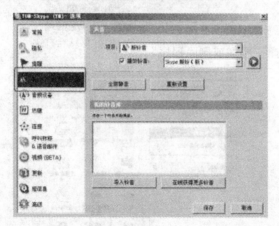

10. 点选"高级"选项，可设置自动登录、自动应答呼叫。

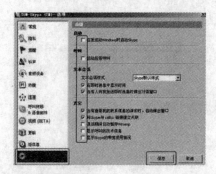

（十五）如何删除 Skype

1. 点选"开始"→"控制面板"。

2. 选择"添加或删除程序"。

3. 在"添加或删除程序"视窗中，找到 Tom – Skype，点击
"删除"按钮。

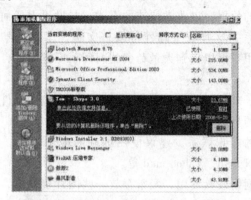

4. 点击"确定"，则可卸载 Tom – Skype。

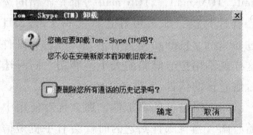

5. 卸载成功。

第二节　电子邮件

电子邮件（electronic mail，简称 E – mail，标志@）又称电子

信箱、电子邮政，它是一种用电子手段提供信息交换的通信方式。是 Internet 应用最广的服务。通过网络的电子邮件系统，用户可以用非常低廉的价格，以非常快速的方式，与世界上任何一个角落的网络用户联系，这些电子邮件可以是文字、图像、声音等各种方式。同时，用户可以得到大量免费的新闻、专题邮件，并实现轻松的信息搜索。

选择电子邮件服务商之前我们要明白使用电子邮件的目的，根据自己不同的目的有针对性地去选择。

和国外的客户联系，建议使用国外的电子邮箱。比如 Gmail，Hotmail，MSN mail，Yahoo mail 等。

想当作网络硬盘使用，经常存放一些图片资料等，那么就应该选择存储量大的邮箱，比如 Gmail，Yahoo mail，网易 163 mail，126 mail，yeah mail，TOM mail，21CN mail 等都是不错的选择。

如果自己有计算机，那么最好选择支持 POP/SMTP 协议的邮箱，可以通过 outlook，foxmail 等邮件客户端软件将邮件下载到自己的硬盘上，这样就不用担心邮箱的大小不够用，同时还能避免别人窃取密码以后偷看你的信件。

想在第一时间知道自己的新邮件，那么推荐使用中国移动通信的移动梦网随心邮，当有邮件到达的时候会有手机短信通知。中国联通用户可以选择如意邮箱。

只是在国内使用，那么 QQ 邮箱也是很好的选择，拥有 QQ 号码的邮箱地址能让你的朋友通过 QQ 和你发送即时消息。当然你也可以使用别名邮箱。另外随着腾讯收购 foxmail 使得腾讯在电子邮件领域的技术得到很大的加强。所以使用 QQ 邮箱应该是很放心的。

另外还可以根据所在区域选择地方性的邮箱，比如北京的朋友们就可以选择千龙网邮箱。

使用收费邮箱的朋友要注意邮箱的性价比是否值得花钱购买，也要看看自己能否长期支付其费用。

也可以使用自己的宽带服务商提供的邮箱，比如铁通的用户可以选择 68CN 企业新时速邮箱等。

可以根据自己最常用的 IM 即时通信软件来选择邮箱，经常使用 QQ 就用 QQ 邮箱，经常用雅虎通就用雅虎邮箱，经常用 MSN 就用 MSN 邮箱或者 Hotmail 邮箱，当然其他电子邮件地址也可以注册为 MSN 账户来使用。喜欢用网易泡泡的就用网易 163 邮箱。

选择电子邮件一般从"信息安全，反垃圾邮件，防杀病毒，邮箱容量，稳定性，收发速度，能否长期使用，邮箱的功能，使用是否方便，多种收发方式等综合考虑。每个人可以根据自己的需求不同，选择最适合自己的邮箱。

选择好适合自己的邮箱后，我们就要申请邮箱并首发右键。下面介绍了申请邮箱和收发邮件的方法。

1. 如何申请电子邮箱

邮箱名由两个部分组成。一个是用户名，另一个是邮箱所在的计算机的域名，就是服务器名，中间用 @ 连接。比如：sanxia@163.com. 表示用户名是 sanxia，@ 是邮箱标识，163 表示服务器名，是使用 163 网易的服务器。国际常用的是 hot 邮箱，比如 MSN 用的是 hotmail 邮箱直接进行即时通信，就是我们通常所说的聊天。要申请 163 邮箱：

首先进入网易网站，点击注册申请免费邮箱，按照提示填写申请内容。

最后记住自己申请的邮箱名和密码，尤其是服务器名。

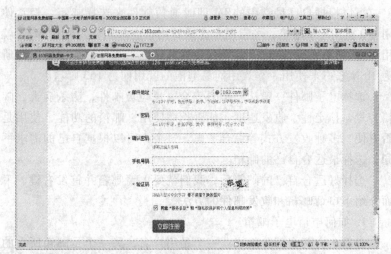

申请过程需要一些时间。其中有些是 VIP 邮箱为收费邮箱。申请的时候注意问题提示，自己选择一个熟悉的问题，便于找回邮箱或者密码。其中用户名可以是真的，因为我们对于同事和工作使用往往需要无需隐瞒。如果申请好了以后要求激活的，就马上进入邮箱进行第一次使用激活。

2. 如何登陆自己的电子邮箱：打开服务器所在的网页。比如网易，新浪，雅虎，搜狐，TOM，这些都是有名的网站。打开这些网站的方法：一个是记住网站地址；第二个是从网址大全进入，比如网址之家。从这个网页可以直接点击链接到有名的网站，也可以从这个地方直接进入任何的邮箱。找到"邮箱快速登陆"在后面再找到"用户名"填入自己的用户名，在"邮箱"后面点击"勾"里面有很多服务器选项，选自己注册的服务器名。注意是自己的邮箱服务器选项。然后找到"密码"填入自己的密码，点击后面的"登陆"，登陆的时候注意，会弹出一个对话框，询问你是否要求电脑记住你的密码，你自己选择，如果是家庭电脑，可以选是，是公用电脑，最好选"否"。

3. 进入邮箱以后，首先熟悉邮箱的一些选项。比如 163 邮箱在上面有"电子邮件"、"通讯录"、"邮箱选项"、"个人助理"、"网易网盘"。我们常用的是"电子邮件"、"通讯录"。在电子邮件方面下面有写信、收信；还有收件箱、发件箱、草稿箱。我们点击收信，可以看到我们邮箱所收到的信件。

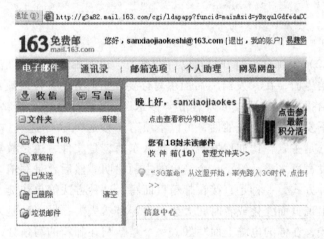

（1）查看邮件。打开邮箱以后点击"收信"，"主题"如果是直接在邮箱里面书写的，可以直接看到，如果是"附件"，就不能直接阅读。点击附件后面的附件名称，比如"家长会发言稿"，右键"打开"出现对话框，两种选择，一种打开，这种方式只是阅读，读完以后在你所处的电脑里面没有保存；一种是保存，那么你的信件就从网上下载到了你所处的电脑里面。

邮箱选项 ┊ 个人助理 ┊ 网易网盘

| 返回 | 删除 | 拒收 | 标记 | 移动 | 刷新 |

查看：全部·未读·已读·已回复·已转发   收件箱

☐ ✉ 📎	发件人	主题	日期↓
	没有它，女人很受罪	在约会中邂逅真爱	美女扮…

日期：今天

☐ 📁 🛈	"xue jiao"	转发：课题会议通知	11月16
☐ 📁 🛈	我	会议通知	11月16
☐ 📁 🛈	"tw15252515"	滕建清	11月16
☐ 📁 🛈	"chenpingmei8"	陈平妹的课件	11月16
☐ 📁 🛈	"yangwanzhen123"	乘法初步认识课件	11月16
☐ 📁 🛈	"yangwanzhen123"	课件	11月16
☐ 📁 🛈	youyoubaihe1973@163…	电脑培训资料	11月16

日期：昨天

（2）发邮件。打开邮箱以后，点击"电子邮件"、"写信"；弹出写信界面，在"发给"后面填写你要发给对方的邮件地址，如果要发给很多人的话，可以点击"抄送"，再填写第二个邮箱地址。如果不发给第二个人的话，可以不填写"抄送"、"密送"，接着要填写的是主题，比如你发给别人什么东西，是文件，还是教学设计还是发言稿之类，给予一个简单的主题注明。然后就是写信。写信有两种方式，一种是直接在邮箱里面写，这种方法简单快捷，但是如果出现页面变化或者时间太久，内容自然丢失；另一种是采用附件形势，在你的电脑上面写好，一个是粘贴在邮箱的写信处，但是格式往往又要重排；一个是写好以后用附件发送，点击"添加附件"弹出一个框，点击"浏览"，在电脑里面找到你需要发送的文档或者课件等，点"打开"，附件名就出现在"浏览"的前面。然后点击发送，你还可以在"发送同时保存到"，那么以后除了别人收到你的邮件，你自己的邮箱也保存了你发送的东西。

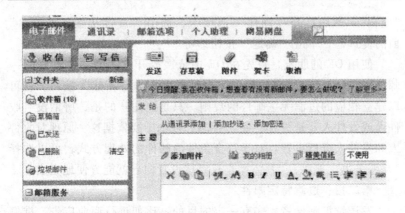

自从有了电子邮件（E－Mail）这种通讯方式之后，信函、电话、传真等传统的通讯手段就显得相形逊色。比较而言，电子邮件不仅具有投递快、费用低等优点，还能以各种不同的方式传递信息，信息易保存、转换为计算机可接受的格式。

小贴士　垃圾邮件的困扰

如今，使用E－mail的人少有不被垃圾邮件困扰：各种你不希望看到的商业广告、产品介绍、色情信息、邮件炸弹及许多来历不明的邮件，有时会排山倒海般地涌入你的邮箱，常常会让你检查得眼发花、删除到手发软。这些邮件，既占用了我们的时间和金钱，又影响了正常的网络通信。不过也别紧张，只要依据垃圾邮件的特征，建立起一定的邮件规则或采取必要的防范措施，仍能还你的邮箱一片净土。这里教你七个远离垃圾邮件的绝招：

第一招：拒收无主邮件

通过对收到的垃圾邮件仔细分析，就能够发现其中许多邮件的收件人或发件人栏里是空白的。依据这一特征，建立相应的邮件规则就能让这类无主邮件自动被拦截并删除。方法为：在 Foxmail 的程序主窗口中依次选择"账户→过滤器"，打开"过滤管理器"窗口。单击"新建"按钮，开始建立新的过滤规则。在"条件"选项卡中，填写过滤规则名字，选中"来信"前的复选框，在"条件"区域设置为"发件人""等于""空白"或"收件人""等于"

"空白"。然后打开"动作"选项卡,选中"直接从服务器删除"前的复选框,单击"确定"按钮即可。

使用 OE 的朋友,首先在 OE 中依次打开"工具→邮件规则→邮件",在打开的"邮件规则"对话框中点击"新建"按钮,就可以建立相应的过滤无主邮件的规则。只是要注意的是,所谓没有收件人或发件人就是没有"@"标志,规则中要依据这一原理对收件人和发件人进行设置。对于符合条件的邮件的处理方式,可以选择"从服务器上删除",具体操作只要按设置向导就能方便地完成。

第二招:过滤特定邮件

发送垃圾邮件者大多有一定的目的,比如进行商业广告、推销产品、发布信息等,这些邮件的发件人地址、主题或正文中都会有一些相关的字句,因此只要把握其中常用的词语,就能通过设置邮件过滤规则将其中的大部分邮件拦截掉。比如,很多垃圾邮件是通过邮件列表的形式对外发送的,其发件人地址通常为"****@btamail. net. cn"形式,其中的"btamail"就为关键字;再如商业广告邮件中,"推荐"、"价格"、"有限公司"、"订购热线"等都是其常用的关键词;而一些反动或色情邮件,也有其规律可循。你可以根据自己的情况,将类似的关键词句设置到邮件过滤规则中。在 Foxmail 和 OE 中具体设置与上面拒收无主邮件的方法相似。你经常收到来自特定账号的垃圾邮件,对付它就更为简单。在 Foxmail 中你只要将这些账号设置到邮件过滤器规则中,在"动作"选项卡中设置为将其直接从报务器删除即可。在 OE 中你只要将这些账号加入到"阻止发件人"中,下次收信时电脑一见到发自这些地址的邮件就会自动将它们删除掉(方法是:开启 OE 后,先选中一封来自该账号的邮件,打开"邮件"菜单后选择"阻止发件人"即可)。

第三招:使用邮件远程管理

远程邮箱管理可使您在下载邮件服务器上的所有邮件之前,直接对服务器上的邮件进行操作。这样对于你不想接收的垃圾邮件,可直接将它在服务器上删除。在 Foxmail 中,只要点击主窗口"工具"菜单的"远程邮箱管理",或者直接按 F12,就会弹出"远程邮箱管理"窗口，并且自动收服务器上新邮件的邮件头信息。邮件头信息收取完毕后，根据邮件头信息列表中信息，选取你确定是垃圾邮件的一个或多个信息，单击鼠标右键，在弹出的右键菜单或者"文件"菜单中，可以设定对邮件执行"不收取"或者"在服务器上删除"的操作。设定完成后，点击工具栏上的"执行"按钮即可在服务器上直接删除。

第四招：完善邮件账号

发送广告邮件的人都会有一个"字典档案"的工具，里面列出了大量英文姓名，因此可以利用这个"字典档案"自动寄发大量广告邮件。因此建议你在申请邮件账号时，尽量不要使用诸如 sheep、Karl、Kater 一类的纯英文用户名，而应该采用诸如 sheep5166、Karl1979 之类的英文和数字混合的用户名，这样也能避开许多广告垃圾邮件。

第五招：慎用自动回信功能

许多朋友在邮件系统中设置使用了"自动回信"功能，这样当你的邮箱系统发现新邮件而你又不能及时回复时，邮件系统会按照你事先的设定自动给发信人回复一封确认收到的信件。但这个功能在给你带来方便的同时，也有可能给你带来大量垃圾邮件甚至制造成邮件炸弹。因为如果给你发信的人使用的邮件系统也开启了自动回信功能，那么当你邮件系统向他自动发送一封确认信后，如果恰巧他在这段时间也没有及时收取信件，那么他的系统又会自动给你发送一封确认收到的信。如此不断自动重复发送，直到把你们双方的信箱撑爆为止！虽然有些邮件系统对此采取了预防措施，但还是建议你使用"自动回信"功能时要慎重。

第六招：使用转信功能

很多邮件服务器设有"自动转信"功能。你可以申请一个专门的转信信箱，利用该信箱的转信功能和过滤功能，在转发到你的常用邮箱前将那些不愿意看到的邮件先行过滤或删除掉。你也可以利用一般邮件服务系统都提供的邮件过滤功能将垃圾邮件转移到自己其他免费的信箱中。登录到你的邮箱管理页面后，点击"垃圾邮件过滤器"链接，在过滤列表页面点击"新建"，在过滤规则制定页面你可以通过规则设置，将符合一定条件的邮件转发到你专门用于接收广告垃圾的邮箱中。

第七招：制止自启式窗口邮件

最让人讨厌的应该算那些会自动开启广告窗口的垃圾邮件了，它不经主人同意就会自动开启你的浏览器弹出广告网页。要禁止这些网页式邮件广告不请自开，只要想法让这些邮件内含的程序编码失去自动执行能力。如果你使用的是 Outlook Express，首先在 OE 中依次打开"工具→选项"，在"安全"选项卡中点选"受限站点区域（较安全）"，单击"确定"；其次，为了让上面的设置生效，还要检查一下 Internet 的相关设置。在桌面上的 IE 上点击鼠标右键，在出现的菜单中按一下"属性"，在打开的"属性"对话框中点选"安全"选项卡，选中"受限站点"后单击"自定义级别"按钮，在弹出的对话框中选中"活动脚本"下面的"禁用"，然后点击"确定"即可。

第三节　论坛/BBS

什么是 BBS（论坛）呢？BBS 的英文全称是 Bulletin Board System，翻译为中文就是"电子布告栏系统"。BBS 最早是用来公布股市价格等类信息的，当时 BBS 连文件传输的功能都没有，而且只能在苹果机上运行。早期的 BBS 与一般街头和校园内的公告板性质相同，只不过是通过来传播或获得消息而已。一直到开始普及之后，有些人尝试将苹果计算机上的 BBS 转移到个人计算机上，BBS 才开始渐渐普及开来。近些年来，由于爱好者们的努力，BBS 的功能得到了很大的扩充。目前，通过 BBS 系统可随时取得各种最新的信息；也可以通过 BBS 系统来和别人讨论各种有趣的话题；还可以利用 BBS 系统来发布一些"征友"、"廉价转让"、"招聘人才"及"求职应聘"等启事；更可以召集亲朋好友到聊天室内高谈阔论。

这个精彩的天地就在你我的身旁，只要您在一台可以访问互联网的计算机旁，就可以进入这个交流平台，来享用它的种种服务。

小贴士 论坛会员礼节

礼节一：记住别人的存在。

互联网给予来自五湖四海人们一个共同的地方聚集，这是高科技的优点但往往也使得我们面对着电脑荧屏忘了我们是在跟其他人打交道，我们的行为也因此容易变得更粗劣和无礼。因此《网络礼节》第一条就是"记住人的存在"。如果你当着面不会说的话在网上也不要说。

礼节二：网上网下行为一致。

在现实生活中大多数人都是遵法守纪，同样地在网上也如此。网上的道德和法律与现实生活是相同的，不要以为在网上与电脑交易就可以降低道德标准。

礼节三：入乡随俗。

同样是网站，不同的论坛有不同的规则。在一个论坛可以做的事情在另一个论坛可能不宜做。最好的建议：先爬一会儿墙头再发言，这样你可以知道坛子的气氛和可以接受的行为。

礼节四：尊重别人的时间和带宽。

在提问题以前，先自己花些时间去搜索和研究学习。很有可能同样问题以前已经问过多次，现成的答案随手可及。不要以自我为中心，别人为你寻找答案需要消耗时间和资源。

礼节五：给自己网上留个好印象。

因为网络的匿名性质，别人无法从你的外观来判断，因此你一言一语成为别人对你印象的唯一判断。如果你对某个方面不是很熟悉，找几本书看看再开口，无的放矢只能落个灌水王帽子。同样地，发帖以前仔细检查语法和用词。不要故意挑衅和使用脏话。

礼节六：分享你的知识。

除了回答问题以外，这还包括当你提了一个有意思的问题而得到很多回答，特别是通过电子邮件得到的以后你应该写份总结与大家分享。

礼节七：平心静气地争论。

争论与大战是正常的现象。要以理服人，不要人身攻击。

礼节八：尊重他人的隐私。

别人与你用电子邮件或私聊的记录应该是隐私一部分。如果你认识某个人用笔名上网，在论坛未经同意将他的真名公开也不是一个好的行为。如果不小心看到别人打开电脑上的电子邮件或秘密，你不应该到处广播。

礼节九：不要滥用权利。

管理员版主比其他用户有更多权利，应该珍惜使用这些权利。

礼节十：宽容。

我们都曾经是新手，都会有犯错误的时候。当看到别人写错字，用错词，问一个低级问题或者写篇没必要的长篇大论时，你不要在意。如果你真的想给他建议，最好用电子邮件私下提议。

第七章　网上创业与网购

第一节　网上创业

一、概述

网上创业一般和现实生活中一样，有独立的公司（即网站站点），有经营项目（即论坛、网店之类），有员工（即站内会员），有特定的工作（论坛发贴，网店进货、销售等）。连接起来就是员工（会员）为公司（网站）所经营的项目（论坛、网店）而工作（发贴，进货，售货）。

网店：顾名思义就是网上开的店铺，作为电子商务的一种形式，是一种能够让人们在浏览的同时进行实际购买，并且通过各种支付手段进行支付完成交易全过程，从而产生利润的网站，目前网店大多数都是使用第三方平台（又称 B2C 平台）开启，目前国内最具人气的平台分别为：淘宝、百度有啊、腾讯拍拍、易趣四家。

二、网上开店优势

1. 开店成本极低。网上开店与网下开店相比综合成本较低：许多大型购物网站提供租金极低的网店，有的甚至免费提供，只是收取少量商品上架费与交易费；网店可以根据顾客的订单再去进货，不会因为积货占用大量资金；网店经营主要是通过网络进行，可以说基本不需要水、电、管理费等方面的支出；网店不需要专人时时看守，节省了人力方面的投资。

2. 经营方式灵活。网店的经营是借助互联网进行经营，经营者既可以全职经营，也可以兼职经营，网店不需要专人时时看守，营业时间也比较灵活，只要可以及时对浏览者的咨询给予及时回复就可以不影响经营。而且网上开店不需要网下开店那样必须要经过严格的注册登记手续，网店在商品销售之前甚至可以不需要存货或者只需要少量存货，因此可以随时转换经营其他商品，可以进退自如，没有包袱。

3. 网上开店基本不受营业时间、营业地点、营业面积这些传统因素的限制。

网上开店，只要服务器不出问题，可以一天24小时、一年365天不停地运作，无论刮风下雨，无论白天晚上，且无须专人值班看店，都可照常营业，消费者可以在任何时间登陆网站进行购物。

网上开店基本不受经营地点的限制，因为网店的流量来自网上，因些即使网店的经营者在一个小胡同里也不会影响到网店的经营。

网店的商品数量也不会像网下商店那样，生意大小常常被店面面积限制，只要经营者愿意，网店就可以摆上成千上万种商品。

4. 网店的消费者范围是极广泛的。网店开在互联网上，只要是上网的人群都有可能成为商品的浏览者与购买者，这个范围就是全国的网民，甚至全球的网民。只要网店的商品有特色，宣传得当、价格合理，经营得法，网店每天将会有不错的访问流量，大大增加销售机会，取得良好的销售收入。

和传统商店相比，网上开店开办手续网上注册（个性设计）+商品信息上传租店面+工商注册+装修+进货+专人驻店成本支出商品采购成本+网店租金+网店交易费用+网上广告宣传费用商品采购成本+库存仓租费+库存商品资金占用利息+营业员工资+商场场地租赁费+税金营业地点选择一个合适的购物网站即可营业地点的选择与客流量、投入资金有紧密关系营业面积店面的大小与实际的销售额没有对应关系面积增大需要大幅增加资金投入营业范围全世界任何有网络的地方，没有地域限制本商店就近的一些消费者，明显受地域限制营业时间 24 小时全天候接受订单。网上开店也存在着一定的风险。

下面对 4 家网购平台做一个简单评测。

淘宝 优点：目前四家中人气最旺，商品最多，服务最周到完备的一家，结合支付宝、阿里巴巴、阿里妈妈的强大合作力量，给买家和卖家提供了很好的帮助和服务。缺点：个别行业恶性竞争，比如充值卡、游戏点卡，亏本赚吆喝现象严重；个别行业商品质量参差不齐，非常混乱，比如女装，特别是韩版女装；个别行业假货横行，比如化妆品、零食。

易趣 优点：早期可以与淘宝抗衡的几家平台之一，长期以来积累了大量的经验，也有一批非常忠实的客户经常在易趣消费，给人的感觉目前偏于实干。缺点：在激烈的竞争中艰难生存，没有相关特色服务。客流量比较少，商品也越来越少，貌似在走下坡路。

腾讯拍拍 优点：新兴的平台，凭借 QQ 庞大的用户群迅速打开局面，人气不断上升。缺点：消费人群年龄偏低且非常不固定，小孩子非常多。好多人是先知道财付通才知道拍拍。财付通渐渐沦为了网络上交换虚拟物品的主要工具。

百度 优点：背后有百度强大的后盾，成立时间不长，预计成长性不错，将来是个绩优股，看百度怎么运作了。缺点：成立不久，人气很低，工具不完善，效率低下。

三、如何开一家网店

在了解了网购平台后，我们开始网上开店的前期准备工作：

（一）网上开店的前期准备

俗话说："不打无准备的仗。"网上开店虽然不需要像实体店那样繁琐，但也需要一些最起码的"粮草"。其中主要包括硬件和软件两部分。硬件包括可以上网的电脑、扫描仪、数码相机、联系电话等，不一定非要全部配置，但是尽量配齐，方便经营。电脑和宽带上网是必配的，还要通过一个数码相机拍下商品的照片上传到网上商店，而扫描仪则是把一些文件扫描上传，如身份证、营业执照等信息。而软件包括安全稳定的电子邮箱、有效的网下通信地址、网上的即时通讯工具，目前较常用的即时通讯工具有如下几类：

办公族、商务、都市白领常用

MSN

时尚、学生、年轻一族常用

腾讯QQ

潮人、手机族常用

飞信

购物常用

阿里旺旺

有了一定硬件支持后，你就要思考你要经营的物品或者项目，这个你可以通过网络了解到目前成交量居高的货品，来确定自己的市场定位——卖什么样的商品。这个非常重要，决定着你开店成功与否。一般来说，在网上销售，最好是找网下不容易买到的东西拿来卖，例如：特别的工艺品、限量版的商品、名牌服装、电子产品，等等。这样，专门的发烧友就会找到你店里，如果你和他合作得好，那生意就细水长流，回头客不断了。

然后找寻你了解的或是有条件的货源，了解网上同类商品的价格等。根据自己的定位确定生意方式。一般来说，"网商"分为三种类型：小打小闹型、拓展业务型和供求信息型。不同的类型可选择去不同的网站平台开店。

最后就是选择你要开店尝试的专业平台，比如淘宝（开店免费，店铺装修、图片流量等收费，可根据自身需求选择收费项目）、拍拍、有啊（均与淘宝类似）、易趣（开店收费、货物上架也收费）。

（二）网店制作流程

1. 网店注册。

（1）注册会员。

登陆 http：//www.taobao.com/，点击网页最下方"帮助中心"，打开"帮助中心"后找到"卖家入门"，根据网页提示进行注册。

（2）填写开店资料。

2. 第三方平台核实信息、筛选网店并开通试用。

（三）网店制作重要环节

1. 主营项目（网店关键词）。

2. 网店名称。

店铺名称以简单好记为主，这样下次顾客就能直接到您店里了。比如叫回家吃饭，完全没意义，但却让客户记住，买一次就能记住。名字不在于有意义，在于方便记忆。

以下提供几个店名、关键词供参考：

二字：带够（与流行的"代购"潮流贴近）、乐购。

三字：藤原浩、澳吧玛、依拉客（谐音是常见手段，同类的还有衣打理）、伊露逊（幻觉的英文音译）、酷里奇。

四字：有间店铺（类似周星驰的无厘头风格）。

3. 网店简介（公告内容）。

4. 分类导航。

5. 信息标题。

6. 信息详细内容。

（四）网店优化等其他内容

1. 博客的发布与管理（可以在新浪等博客声势较大的网络平台注册一个跟网店名称一样的博客，用以优化、扩大网店影响力和知名度）。

2. 资料文件的上传与管理。

3. 支付配送管理（物流送货规定一定要写清楚，以避免不必要的消费纠纷）。

4. 友情链接管理（跟其他网店店主互拉连接，以此带动潜在网络客源）。

5. 管理调查主题（定期根据节假日、网络热门话题等做一些调查互动）。

6. 管理滚动广告。

（五）网店后期维护

刷新网店排名、更新网店数据、续登信息、发布新信息、留言回复、提高浏览量。一个好的网店经营者需要注意到网店服务商和服务形式的选择；还要选择好货源以及上货之后货品图片的处理和摆放；以及网店的店铺装修；与客户的交流；安全的交易流程，等等。

1. 选定经营方向。

第 1 步：选择特色商品：在网上开店和在网下开实物店是完全不一样的，在网下，只要你的店的位置不要太差，小生意就可以做的还不错，就算是卖很大众化的东西，都一样可以赚的盆满钵满。在网上做生意，就要独辟蹊径了。一般来说，在网上销售，最好是找网下不容易买到的东西拿来卖（例如：特别的工艺品、限量版的宝贝、电子产品，等等）。

第 2 步：货品上架，价格定位：在网上销售，没有店租金的压力，没有工商税务的烦恼，所以，价格就一定要比网下便宜，多参考别的网店价格，能便宜尽量多便宜点，这样会有很多想省钱的客人进来，你再服务的好点，这批客人又成了你的长期客户。

第 3 步：开张纳客，诚信为本：要及时、坦诚地回答留言，解除买家的疑虑，并增加买家的信任感。店里的宝贝要经常更新，就算没有生意，也要常常弄点新东西放上货架，并把自己积压的产品做个了断，只有让有限的资金不停快速流动，才会带来滚滚利润。一些店家还用"打折"、"送礼"、"抽奖"等方式让利，网上做生意，必须重视信用，只有有良好的信誉，才能赢得更多的稳定客户，有的店家还用推出星级客户、交流生活经验、发表生活随想等方式把自己的小店变成了一个小社区，把客户变成了自己的朋友。千万珍惜自己的信用，做生意同做人一样，唯有诚信，才能立足。

2. 货源。

如何才能找到价格低廉的货源？

（1）充当市场猎手：密切关注市场变化，充分利用商品打折找到价格低廉的货源。就拿网上销售非常火的名牌衣物来说，卖家们常在换季时或特卖场里淘到款式品质上乘的品牌服饰，再转手在网上卖掉，利用地域或时空差价获得足够的利润。

（2）关注外贸产品：如果有熟识的外贸厂商，可以直接从工厂拿货。在外贸订单剩余产品中有不少好东西，这部分商品大多只有1-3件，款式常常是明年或现在最流行的，而价格只有商场的4-7折，很有市场。

（3）与品牌积压库存渠道合作：有些品牌商的库存积压很多，一些商家干脆把库存全部卖给专职网络销售卖家。如果你有足够的侃价本领，能以低廉的价格把他们手中的库存吃下来，定能获得丰厚的利润。

（4）能拿到国外打折商品：国外的世界一线品牌在换季或节日前夕，价格非常便宜。如果卖家在国外有亲戚或朋友，可请他们帮忙，拿到诱人的折扣在网上销售，即使售价是传统商场的4至7折，也还有10%至40%的利润空间。

（5）批发商品：一定要多跑地区性的批发市场，如北京的西直门、秀水街、红桥，上海的襄阳路、城隍庙等，不但熟悉行情，还可以拿到很便宜的批发价格。

找到货源后，可先进少量的货试卖一下，如销量好再考虑增大进货量。在网上，有些卖家和供货商关系很好，往往是商品卖出后才去进货，这样既不会占资金又不会造成商品的积压。

总之，不管是通过何种渠道寻找货源，低廉的价格是关键因素。找到了物美价廉的货源，你的网店就已经接近成功了。

3. 商品起名和售后服务。

（1）起个好名字。商品名称应尽可能以简洁的语言概括出商品的特质，力求规范，让人一看就能大致了解商品的基本信息，而且便于从搜索引擎中找到。

一般的格式是：品牌＋商品名＋规格＋说明

（2）图片，决定了一见能否钟情。商品图片是你给顾客的第一印象。一幅模模糊糊的商品图给人的感觉非常不好，就像一张不干净的脸，吸引不了他们的注意。图片可以从网上搜索，现在大部分的厂家有自己的网站，可以从他们的产品介绍中择取图片；另外还可以扫描产品手册，以合适的分辨率扫描出来的图片都是比较清晰的，这两种方法即快捷又美观。如果还不行，那最好找一个摄影技术较好的人来拍照，事后用图片处理软件修改一下也能达到不错的效果。如果你花几个周末学习学习 PHOTOSHOP 之类的"化妆工具"，让图片出门前多少来点合适的美化，就更好了。

（3）笑脸相迎，手脚麻利。当有人看上了你的宝贝，而且从那么难打开的钱包里面掏了钱，订了你的宝贝，不用说，应该最快速有效地处理订单，并提供良好的客户服务。不仅如此，他很有可能为您带来意想不到的收获：口碑的宣传效果不可小视，它无需你大费口舌去取信于人，很有可能一次用心的付出换来长期的回报。

（4）联络感情，搞好关系。对于曾经购买过您的商品的顾客，您可以定期进行回访，比如在发货后不久就询问顾客是否收到、在一个月后询问顾客是否满意，在两个月后问是否有建议，或者有没有其他需要的商品等。让顾客感受到你的重视，还可以培养他们的消费习惯。一旦习惯了在你这买东西，一个义务的宣传员就有了。

4. 网店的推广。

（1）搜索引擎推广，国内知名搜索引擎如下：Google、Yahoo、MSN、百度、3721、搜狐、网易、中华网、21 世纪、中搜。

（2）注册"好店铺网店联盟"可以更好的扩大推广范围。

（3）连接交换，和其他店主做文字连接和图片连接以及首页醒目位置的交换。

（4）网络广告：弹出广告、广告交换、邮件群发。

（5）QQ 群发信息，利用群发软件发布网店信息。

（6）签名广告，发布文章，论坛发贴后面直接签上自己的网址，或者用超连接签上自己网店的名称和关键词。

（7）qq 广告，在 qq 上作广告或者个人签名放上自己网店的信息。

（8）msn 广告，设置和网店有关的个性签名。

（9）论坛灌水，在论坛或者留言板上发布自己的店铺信息。

（10）将网店提交到专业找网店导航，例如阿里巴巴。

（11）将网店登陆到行业站点和专业目录。

（12）文章宣传，在文章中提到网店或者以网络营销成功案例的形式介绍。

（13）新闻发布会。通过开新闻发布会，让更多的记者和媒体报道自己的网店。

（14）路牌灯箱广告，在树立企业形象和展示自身实力的同时，对网店宣传也起到了一定的作用。

（15）名片宣传。

第二节　网上购物

一、概述

网上购物，就是通过互联网检索商品信息，并通过电子订购单发出购物请求，然后填上私人支票账号或信用卡的号码，厂商通过邮购的方式发货，或是通过快递公司送货上门。国内的网上购物，一般付款方式是款到发货（直接银行转账，在线汇款）。担保交易（淘宝支付宝，百度百付宝，腾讯财付通等的担保交易），货到付款等。

二、网购的优缺点

（一）网购的优点

1. 对于消费者来说：

（1）可以在家"逛商店"，订货不受时间、地点的限制；

（2）获得较大量的商品信息，可以买到当地没有的商品；

（3）网上支付较传统拿现金支付更加安全，可避免现金丢失或遭到抢劫；

（4）从订货、买货到货物上门无需亲临现场，既省时又省力；

（5）由于网上商品省去租店面、召雇员及储存保管等一系列费用，总的来说其价格较一般商场的同类商品更便宜。

2. 对于商家来说，因网上销售没有库存压力、经营成本低、经营规模不受场地限制等。在将来会有更多的企业选择网上销售，通过互联网对市场信息的及时反馈适时调整经营战略，以此提高企业的经济效益和参与国际竞争的能力。

3. 对于整个市场经济来说，这种新型的购物模式可在更大的范围内、更广的层面上以更高的效率实现资源配置。

综上可以看出，网上购物突破了传统商务的障碍，无论对消费者、企业还是市场都有着巨大的吸引力和影响力，在新经济时期无疑是达到"多赢"效果的理想模式。

（二）网购的缺点

1. 实物和照片上的差距太大。网购只能是看到照片，到货物真的到达你手里，你会感觉和实物有不一样。这就不如在商场里买到的放心。

2. 不能试穿。网购只是看到照片及对物品的简单的介绍，像衣服或鞋子之类的，你就不能直接的看出适合不适合你，而如果在商场购买，你可以试穿，合自己的身，就马上买下，不用考虑那么多。

3. 网络支付不安全。可能被偷窥，密码被盗。网上购物最为担心的一点就是银行账户，有些朋友的电脑中存在着盗号木马等，会造成账号丢失等一些严重的情况发生，所以大家在购物的时候尽量不要选择网吧等公共场所，自己的电脑也要保证杀毒软件的正常安装才能进行网络交易。

4. 诚信问题。就是店主的信用程度，如果碰到过服务质量差的店主，问几个问题就显得不耐烦。在网上购物出现上当受骗时常发生。

5. 配送的速度问题。在网上所购来的物品，还要经过配送的环节，快则一两天，慢则要一个星期或更久，有时候，配送的过程还会出现一些问题，还有，如果对物品不满意，又要经过配送的环节，换一下物品，这样比较麻烦。

6. 退货不方便的问题。虽然现实中购物退货也需要很复杂的程序，甚至对产品要有保护的要求，可是网上退货就相对更加困难。有的提出百般无理要求拒绝退货和推卸责任。

网上购物常用的方法有 B2B 平台，B2C 平台，以及独立的商城购物等，目前国内购物比较多的网站有淘宝网，百度有啊，腾讯拍拍，京东商城，当当网等。

在网上购物非常方便的，您可以使用支付宝、网上银行、财付通、百付宝网络购物支付卡等等来支付，安全快捷。

下面就以支付宝的开通为例，讲讲网络支付的方法。

三、如何注册支付宝

（一）登录支付宝网站注册

1. 注册支付宝账户。

（1）进入支付宝网站 https：//www.alipay.com 点击"免费注册"按钮进入支付宝网站 https：//www.alipay.com，如果图片有不显示的，请刷新一下，或者将鼠标放到红叉的位置，点右键——显示图片，点击免费注册。

（2）请选择注册方式：选择使用手机号码注册或 Email 注册。

（3）输入注册信息，请按照页面中的要求如实填写，否则会导致您的支付宝账户无法正常使用。

注意：支付宝账户分为个人和公司两种类型，请根据自己的需要慎重选择账户类型。公司类型的支付宝账户一定要有公司银行账户与之匹配。

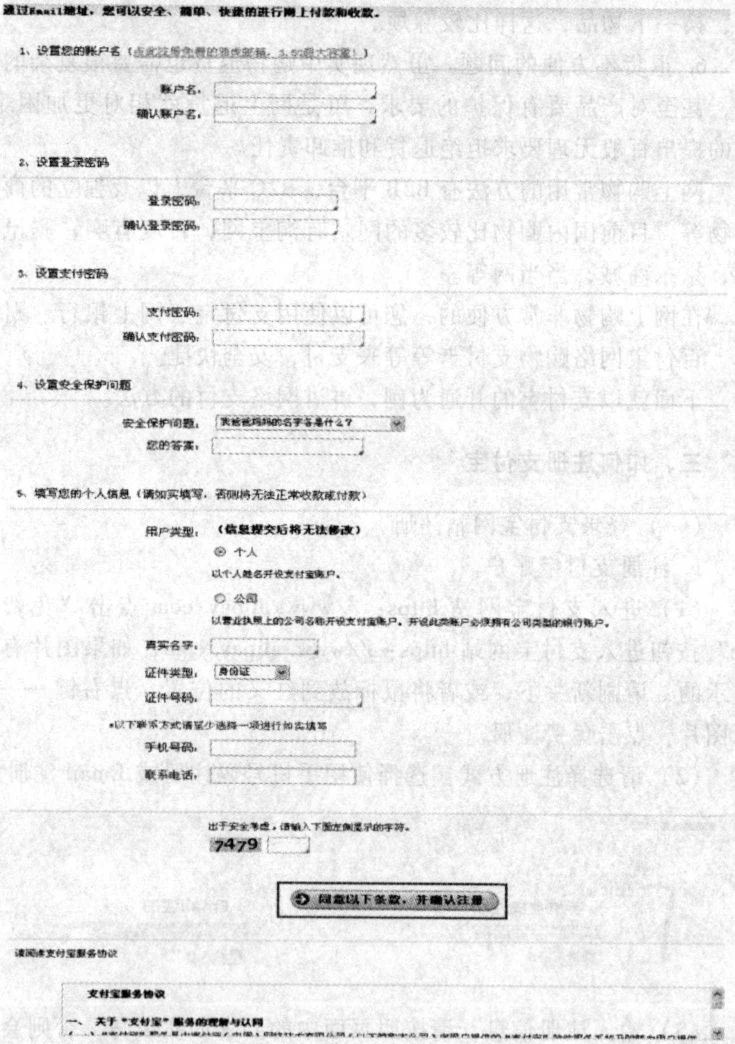

通过Email地址，您可以安全、简单、快捷的进行网上付款和收款。

1、设置您的账户名（点此获得免费的领衣箱箱，5.5g超大容量！）

账户名：

确认账户名：

2、设置登录密码

登录密码：

确认登录密码：

3、设置支付密码

支付密码：

确认支付密码：

4、设置安全保护问题

安全保护问题： 我爸爸妈妈的名字是什么？

您的答案：

5、填写您的个人信息（请如实填写，否则将无法正常收款或付款）

用户类型： （信息提交后将无法修改）

○ 个人
以个人姓名开设支付宝账户。

○ 公司
以营业执照上的公司名称开设支付宝账户。开设此类账户必须拥有公司类型的银行账户。

真实名字：

证件类型： 身份证

证件号码：

*以下联系方式请至少选择一项进行如实填写

手机号码：

联系电话：

出于安全考虑，请输入下图左侧显示的字符。

7479

○ 同意以下条款，并确认注册

请阅读支付宝服务协议

支付宝服务协议

一、关于"支付宝"服务的理解与认同

（4）正确填写了注册信息后，点击"同意以下条款，并确认注册"，支付宝会自动发送一封激活邮件到您注册时填写的邮箱中（请确保注册时填写的 E－mail 真实有效）。

（5）登录邮箱，点击邮件中的激活链接，激活您注册的支付宝账户。可以看到账户激活后才可以使用支付宝的众多功能。

（6）激活成功，支付宝注册成功，即可体验网上安全交易的乐趣。

2. 登录淘宝网站注册淘宝会员名与支付宝账户绑定。

（1）进入淘宝网主页后，点击淘宝首页右上角的"免费注册"，显示新会员注册页面，根据提示填写基本信息，包括：会员名、密码、邮箱等信息。

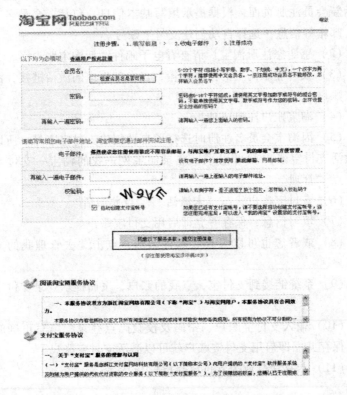

（2）感谢您注册淘宝！请查看电子邮件激活淘宝账户。

（3）或者登录淘宝的注册邮箱，点击邮件中的激活链接，激活淘宝账户。

（4）淘宝账户注册成功！

（5）点我的淘宝——支付宝专区——您还没有设置您的支付宝账户（点击设置）来设定支付宝账户。

（6）输入支付宝账户名及支付宝登录密码，点"设定"。

支付宝账户与淘宝账户绑定成功，尽情享受购物的乐趣吧！

（二）从淘宝网上进行注册（适用于邮箱账户没有在支付宝网站上注册过）

1. 进入淘宝网主页后，点击淘宝首页右上角的"免费注册"，显示新会员注册页面，根据提示填写基本信息，包括：会员名、密码、邮箱等信息，选择自动创建支付宝账号。

（2）感谢您注册淘宝！请查看电子邮件激活淘宝账户。

（3）或者登录淘宝的注册邮箱，点击邮件中的激活链接，激活淘宝账户。

（4）淘宝账户注册成功！

（5）因淘宝会员名注册时选择了自动创建支付宝账号，所以只需激活支付宝账户就可以了，登录淘宝网—我的淘宝—支付宝专区，点"管理"。

（6）支付宝账户状态"未激活"，"点此激活"。

（7）填写信息，保存并立即启用支付宝账户。

（8）或者您也可以去查收邮件激活，点击"去管理我的支付宝账户"。

（9）系统链接到支付宝，点我的账户，页面提示登录支付宝账户。

（10）输入支付宝账户、密码及校验码点登录，填写正确的信息，保存并立即启用支付宝账户就可以激活支付宝账户了。

（11）恭喜您已成为支付宝会员！

四、支付宝的应用方式

（一）选择网上银行付款

1. 设定网银登录密码和网银支付密码；

2. 购物付款时，选择网银付款即可。

下面以工商银行为例介绍如何设定网银。

第一步：设定网银

工商银行可在网上直接办理个人网上银行，是最便利的！

（1）进入当地工行网站，左上方有一个个人网上银行登录，下方有自助注册，点击自助注册进入；

（2）点击页面上的"注册个人网上银行"；

（3）点击页面上的"接受此协议"；

（4）输入您的工商卡卡号并提交；

（5）按填写项目输入没有过失信息并提交；

（6）按所设网银密码进入个人网上银行；

（7）点击页面右上方客户效劳进入，设置网银登录密码和支付密码，先设红线圈出的网银登录密码，然后再点蓝线圈出的网银支付前面的圆圈选择设置网银支付密码。

这些操作进行完后，你的网银就开通了，你能够随时登录网银，查询余额等操作，不过自助注册，是没有电子证书的，要求应该到银行柜台料理，需交80元左右费用，不过办了电子证书会很平安，不会发生账户被盗的事情。

（二）选择支付宝账户余额付款

1. 设定网银登录密码和网银支付密码；

2. 再设定支付宝登录密码和支付宝支付密码；

3. 在淘宝网上将网银卡里的钱充值到支付宝中；

4. 应用支付宝购物的两种方式都是先将款打给支付宝，然后买家确认收货后，淘宝才会打款给卖家。

（三）网上购物

在开通了支付宝，并且充值成功以后，我们就可以开始网上购物了。

网上购物是一个新兴产业，首先可以对比的是图片和价格，然后就这个产品对价格进行对比，观察卖家的信誉以及这个产品的卖出情况，最好选择有保障的交易方式，这样可以制约卖家。请先留意该宝贝页面能否有支付宝标记（蓝色的小盾牌），有标记的宝贝支持支付宝付款。点击"立刻置办"，确认置办信息，直接依据提示进行付款。

1. 相中的宝贝请按下"立刻置办"。

2. 按项目填写相关信息。

包含：置办数量/选择平邮还是快递/检验代码/收货地址，按下确认无误置办。

这时如卖家要求应该改动价钱，如去掉邮费或优惠价钱，可由卖家方面进行改动。这时不要进行下一步操作，等卖家改后，不关掉页面的状况下刷新一下，即可看到改后的价钱。如关掉了页面，也可在"我的淘宝"已买到的宝贝中看到。

3. 买家确认付款。

确认价钱无误，输入支付宝支付密码，此时是将款打给支付宝系统中，并没有打给卖家。

上述操作后，初步买卖结束，等候卖家发货，买家付款后，会马上在这笔买卖后面显现，"买家已付款，等候卖家发货"。

4. 卖家确认发货。卖家发货后会在网上操作确认发货，此时此商品买卖后面会显现，卖家已发货，等候买家确认。

5. 买家确认收货。当买家收到商品后，确认商品无误，进入"我的淘宝"页面上会有提示您付款的信息，或进入到左侧"我是买家"在"已买到的宝贝"的此商品买卖后面，点击"卖家已发货，等候买家确认"进入付款页面，再次输入支付宝支付密码，确认（如需退款，请不要确定这步骤）。

此时支付宝将款打给卖家，买卖成功，买卖后面会显现"评定价值"，立刻能够进行评定价值。

第三节　网上银行

一、概述

网上银行，包含两个层次的含义，一个是机构概念，指通过信息网络开办业务的银行；另一个是业务概念，指银行通过信息网络提供的金融服务，包括传统银行业务和因信息技术应用带来的新兴业务。在日常生活和工作中，我们提及网上银行，更多是第二层次的概念，即网上银行服务的概念。网上银行业务不仅仅是传统银行产品简单从网上的转移，其他服务方式和内涵发生了一定的变化，而且由于信息技术的应用，又产生了全新的业务品种。

网上银行发展的模式有两种，一是完全依赖于互联网的无形的电子银行，也叫"虚拟银行"；所谓虚拟银行就是指没有实际的物理柜台作为支持的网上银行，这种网上银行一般只有一个办公地址，没有分支机构，也没有营业网点，采用国际互联网等高科技服务手段与客户建立密切的联系，提供全方位的金融服务。以美国安全第一网上银行为例，它成立于1995年10月，是在美国成立的第一家无营业网点的虚拟网上银行，它的营业厅就是网页画面，当时银行的员工只有19人，主要的工作就是对网络的维护和管理。

另一种是在现有的传统银行的基础上，利用互联网开展传统的银行业务交易服务。即传统银行利用互联网作为新的服务手段为客户提供在线服务，实际上是传统银行服务在互联网上的延伸，这是目前网上银行存在的主要形式，也是绝大多数商业银行采取的网上银行发展模式。我国真正意义上的网上银行，也就是"支付宝"，国内现在的网上银行很多都属于第二种模式。

（一）网上银行提供的服务

1. 提供网上形式的传统银行业务，包括银行及相关金融信息的发布、客户的咨询投诉、账户的查询勾兑、申请和挂失以及在线缴费和转账功能。

2. 电子商务相关业务，既包括商户对客户模式下的购物、订票、证券买卖等零售业务，也包括商户对商户模式下的网上采购等批发业务的网上结算。

3. 新的金融创新业务，比如集团客户通过网上银行查询子公司的账户余额和交易信息，再签订多边协议。

（二）网上银行业务介绍

一般说来网上银行的业务品种主要包括基本业务、网上投资、网上购物、个人理财、企业银行及其他金融服务。

1. 基本网上银行业务。商业银行提供的基本网上银行服务包括：在线查询账户余额、交易记录，下载数据，转账和网上支付等。

2. 网上投资。由于金融服务市场发达，可以投资的金融产品种类众多，国外的网上银行一般提供包括股票、期权、共同基金投资等多种金融产品服务。

3. 网上购物。商业银行的网上银行设立的网上购物协助服务，大大方便了客户网上购物，为客户在相同的服务品种上提供了优质的金融服务或相关的信息服务，加强了商业银行在传统竞争领域的竞争优势。

4. 个人理财助理。个人理财助理是国外网上银行重点发展的一个服务品种。各大银行将传统银行业务中的理财助理转移到网上进行，通过网络为客户提供理财的各种解决方案，提供咨询建议，或者提供金融服务技术的援助，从而极大地扩大了商业银行的服务范围，并降低了相关的服务成本。

5. 企业银行。企业银行服务是网上银行服务中最重要的部分之一。其服务品种比个人客户的服务品种更多，也更为复杂，对相关技术的要求也更高，所以能够为企业提供网上银行服务是商业银行实力的象征之一，一般中小网上银行或纯网上银行只能部分提供，甚至完全不提供这方面的服务。

企业银行服务一般提供账户余额查询、交易记录查询、总账户与分账户管理、转账、在线支付各种费用、透支保护、储蓄账户与支票账户资金自动划拨、商业信用卡等服务。此外，还包括投资服务等。部分网上银行还为企业提供网上贷款业务。

6. 其他金融服务。除了银行服务外，大商业银行的网上银行均通过自身或与其他金融服务网站联合的方式，为客户提供多种金融服务产品，如保险、抵押和按揭等，以扩大网上银行的服务范围。

（三）银行交易系统的安全性

"网上银行"系统是银行业务服务的延伸，客户可以通过互联网方便地使用商业银行核心业务服务，完成各种非现金交易。但另一方面，互联网是一个开放的网络，银行交易服务器是网上的公开站点，网上银行系统也使银行内部网向互联网敞开了大门。因此，如何保证网上银行交易系统的安全，关系到银行内部整个金融网的安全，这是网上银行建设中最至关重要的问题，也是银行保证客户资金安全的最根本的考虑。

为防止交易服务器受到攻击，银行主要采取以下几方面的技术措施：设立防火墙，隔离相关网络。

1. 多重防火。其作用为：

（1）分隔互联网与交易服务器，防止互联网用户的非法入侵；

（2）用于交易服务器与银行内部网的分隔，有效保护银行内部网，同时防止内部网对交易服务器的入侵。

2. 高安全级的 Web 应用服务器。服务器使用可信的专用操作系统，凭借其独特的体系结构和安全检查，保证只有合法用户的交易请求能通过特定的代理程序送至应用服务器进行后续处理。

3. 24 小时实时安全监控。例如采用 ISS 网络动态监控产品，进行系统漏洞扫描和实时入侵检测。在 2000 年 2 月 Yahoo 等大网站遭到黑客入侵破坏时，使用 ISS 安全产品的网站均幸免于难。

4. 身份识别和 CA 认证。网上交易不是面对面的，客户可以在任何时间、任何地点发出请求，传统的身份识别方法通常是靠用户名和登录密码对用户的身份进行认证。但是，用户的密码在登录时以明文的方式在网络上传输，很容易被攻击者截获，进而可以假冒用户的身份，身份认证机制就会被攻破。

在网上银行系统中，用户的身份认证依靠基于"RSA 公钥密码体制"的加密机制、数字签名机制和用户登录密码的多重保证。银行对用户的数字签名和登录密码进行检验，全部通过后才能确认该用户的身份。用户的唯一身份标识就是银行签发的"数字证书"。用户的登录密码以密文的方式进行传输，确保了身份认证的安全可靠性。数字证书的引入，同时实现了用户对银行交易网站的身份认证，以保证访问的是真实的银行网站，另外还确保了客户提交的交易指令的不可否认性。由于数字证书的唯一性和重要性，各家银行为开展网上业务都成立了 CA 认证机构，专门负责签发和管理数字证书，并进行网上身份审核。2000 年 6 月，由中国人民银行牵头，12 家商业银行联合共建的中国金融认证中心（CFCA）正式挂牌运营。这标志着中国电子商务进入了银行安全支付的新阶段。中国金融认证中心作为一个权威的、可信赖的、公正的第三方信任机构，为今后实现跨行交易提供了身份认证基础。

二、世界著名网上银行支付平台

（一）支付宝

支付宝网络技术有限公司是国内领先的独立第三方支付平台，是由阿里巴巴集团 CEO 马云先生在 2004 年 12 月创立的第三方支付平台，是阿里巴巴集团的关联公司。支付宝致力于为中国电子商务提供"简单、安全、快速"的在线支付解决方案。

支付宝公司从 2004 年建立开始，始终以"信任"作为产品和服务的核心。不仅从产品上确保用户在线支付的安全，同时让用户通过支付宝在网络间建立起相互的信任，为建立纯净的互联网环境迈出了非常有意义的一步。

支付宝提出的建立信任，化繁为简，以技术的创新带动信用体系完善的理念，深得人心。在六年不到的时间内，为电子商务各个领域的用户创造了丰富的价值，成长为全球最领先的第三方支付公司之一。截止到 2010 年 12 月，支付宝注册用户突破 5.5 亿，日交易额超过 25 亿元人民币，日交易笔数达到 850 万笔。

支付宝创新的产品技术、独特的理念及庞大的用户群吸引越来越多的互联网商家主动选择支付宝作为其在线支付体系。

除淘宝和阿里巴巴外，支持使用支付宝交易服务的商家已经超过 46 万家；涵盖了虚拟游戏、数码通讯、商业服务、机票等行业。这些商家在享受支付宝服务的同时，还是拥有了一个极具潜力的消费市场。

支付宝以稳健的作风、先进的技术、敏锐的市场预见能力及极大的社会责任感，赢得了银行等合作伙伴的认同。目前国内工商银行、农业银行、建设银行、招商银行、上海浦发银行等各大商业银行以及中国邮政、VISA 国际组织等各大机构均与支付宝建立了深入的战略合作，不断根据客户需求推出创新产品，成为金融机构在电子支付领域最为信任的合作伙伴。

（二）财付通

财付通是腾讯公司于 2005 年 9 月正式推出专业在线支付平台，致力于为互联网用户和企业提供安全、便捷、专业的在线支付服务。

财付通构建全新的综合支付平台，业务覆盖 B2B、B2C 和 C2C 各领域，提供卓越的网上支付及清算服务。针对个人用户，财付通提供了包括在线充值、提现、支付、交易管理等丰富功能；针对企业用户，财付通提供了安全可靠的支付清算服务和极富特色的 QQ 营销资源支持。

财付通先后荣膺 2006 年电子支付平台十佳奖、2006 年最佳便捷支付奖、2006 年中国电子支付最具增长潜力平台奖和 2007 年最具竞争力电子支付企业奖等奖项，并于 2007 年首创获得"国家电子商务专项基金"资金支持。

（三）合作银行

工商银行、农业银行、中国银行、建设银行、招商银行、上海浦东发展银行、邮政银行、农村信用合作社、中国银联、深圳发展银行、广东发展银行、民生银行、兴业银行、北京银行、广州市商业银行、深圳农村商业银行、交通银行、光大银行。

附录 1　网址大全

一、综合网站

1. 365 农业网。

365 农业网以商务应用为主，通过搜索技术对农业信息进行整合，创建内容全面、操作简单、功能实用的搜索＋商务应用。目前，365 农业网的内容包括网址导航、商务供求、企业库、农业资讯、养殖技术、种植技术、特种养殖、农业文献、贴吧、商城等方面。

2. 中国农业贴吧。

由 365 农业网创办，是基于关键词的农业主题交流社区，它与搜索紧密结合，通过用户输入，自动生成讨论区，使用户能立即参与交流，发布自己所拥有的其所感兴趣话题的信息和想法。

3. 中农网。

中农网成立于 2000 年 9 月，上市国企农产品集团的下属企业，为农业提供最权威的农产品价格行情、蔬菜价格行情、水果价格行情、水产品价格行情、油粮价格行情、干货价格行情等。

4. 启农图书网。

启农图书网是北京金启农图书有限公司在互联网上的信息平台。网站主要从事正版农业图书、农业音像制品的批发、零售业务。图书、音像的品种丰富。

5. 中国农资营销网。

中国农资营销网（www.nzyxw.com）由中国农资营销界领跑者、农资营销专业策划机构——左右咨询创建，是目前国内专业的大型农资营销类门户网站，中国农资营销人信息交流和资源共享的平台。

6. 中国农业技术网。

中国农业技术网包括农业文献，农业科技，实用技术，优良品种，农业标准，农业 VCD，农业图书等方面。

7. 中华人民共和国农业部。

是中华人民共和国农业部官方网站，1996 年建成。目前，农业部网站包括中文简体、中文繁体和英文三种版本，具备新闻宣传、政务公开、网上办事、公众互动和综合信息服务功能，目前日均点击数 600 万次左右，成为具有权威性和广泛影响的中国国家农业综合门户网站。

8. 中国农业光盘网。

提供养猪技术、养牛技术、养羊技术、养鸡技术、养鸭技术、养鹅技术、养兔技术、兽医防疫、畜牧生态、特种养殖、水产养殖等养殖技术 VCD，花卉园艺、蔬菜栽培等种植技术 VCD。

9. 神农网。

神农网提供农产品价格信息，农产品市场分析预测报告，农业电子商务，农业视频，农业论坛和农业软件服务，网站信息涵盖生猪，蛋肉鸡，饲料，化肥，粮食，棉花六大行业，是中国最大的农业市场资讯网站。

10. 中国农业图书网。

提供畜禽养殖、宠物宠养、水产养殖、特种养殖、饲料营养、兽医兽药、农作物、蔬菜、瓜果、园林花卉、植物保护、土壤肥料、中草药、食用菌、农业机械法规标准、生态环境、农业经管、工具书、农药、养殖教材、种植教材、助学助考、生物等农业书籍。

11. 湖北农业远程教育网。

湖北农业远程教育网 www.nong828.com，是为湖北农民提供远程教育、远程培训和远程咨询服务的网络平台，它以农业实用技术培训、农民职业技能培训、新型农民科技培训、农业科技推广等为主要内容，集远程教学、视频点播、网上直播、网上课堂、视频咨询、网上会议、专家博客、媒体资源共享等多功能于一体。

12. 中国农产品信息网。

中国农产品信息网，服务农产品企业，引导农产品市场；提供农产品供求信息，价格行情，企业名录，代理信息；是寻求农产品商机，招商引资的信息平台；是农业咨讯，农技咨询的窗口。

13. 巨农网。

"中国巨农网"（www. junongwang. cn）是我国刚刚兴起的农业综合性门户网站，是目前我国唯一一家将农产品与人们生活进行结合的农业综合性门户网站，也是目前我国唯一一家与城市进行结合的农业门户网站。

14. 中国农业病虫检测网。

中国农业病虫检测网 www. bcjcchina. com 是目前国内唯一一家关于农业病虫害防治方面的、比较系统、全面、规范、实用、易懂、收录词条较多的、词典式的公益性网站之一，能免费查阅病虫害防治资料、免费查阅农业企业名录、免费发布供求信息。

15. 中国新农村网。

中国新农村网（http：//www. xncw. com/）是中国农村市场信息综合门户网站；是策应党和国家政策，策应社会主义新农村建设而开辟的一个专业权威网站；是为全国各县市、乡镇村级政府提供一个宣传自我，展现自我的理想平台；是为各级乡镇企事业单位及个人发布信息的理想平台；同时也是为广大农民朋友查找信息的平台。

16. 中国国家农产品加工信息网。

"中国国家农产品加工信息网"是农业部和国务院其他农产品加工相关部门对外宣传的一个重要窗口和龙头站点，是政府上网工程中有关农产品加工的门户性、标志性网站。

17. 中国农技推广网。

　　全国农业技术推广服务中心是农业部直属事业单位，成立于
1995 年 8 月。是由原全国农业技术推广总站、全国植物保护总站，
全国种子总站和全国土壤肥料总站合并而成。

　　18. 云菜网。

　　云南蔬菜流通行业协会专业网站以"云菜网"命名。并以
"服务云菜行业、整合云菜资源、打造云菜品牌"为宗旨服务好云
南蔬菜行业。

　　19. 安徽农业科技网。

　　安徽省农业科学院是安徽省政府直属事业单位，是以应用研
究、开发研究为主，结合进行应用基础理论研究的综合性农业研究
机构。

　　20. 中国农业生态环境网。

　　由农业部环境监测总站主办，含环境管理、生态农业、生物多
样性、政策法规、面源污染、环境监测、基本农田、无公害食品。

二、院校网络

　　1. 华中农业大学（武汉）。

　　华中农业大学是一所以农科为优势，以生命科学为特色，农、
理、工、文、法、经、管相结合的全国重点大学。校园位于武汉市
南湖狮子山，占地面积 7425 亩（约 5 平方公里）。校园三面环水，
背靠青山，风景秀丽，环境幽雅，是理想的教学和科研园地。

　　2. 山东农业大学（泰安）。

　　山东农业大学坐落在雄伟壮丽的泰山脚下，前身是 1906 年创
办于济南的山东高等农业学堂。后几经变迁，1952 年经全国院系调
整，成立山东农学院。1958 年由济南迁至泰安，1983 年更名为山
东农业大学。1999 年 7 月，经山东省人民政府批准，将山东农业大
学、山东水利专科学校合并，同时将山东省林业学校并入，组建新
的山东农业大学。

　　3. 四川农业大学（雅安）。

　　四川农业大学是一所以生物科技为特色与优势，理、工、经、

管、医、文、教、法多学科协调发展的国家"211 工程"重点建设的高校。位于风景秀丽、气候宜人的四川省雅安市。其前身是创办于 1906 年的四川通省农业学堂，1935 年并入国立四川大学成为川大农学院，1956 年迁雅安独立建校为四川农学院，1985 年经批准为四川农业大学。

4. 华南农业大学（广州）。

华南农业大学是一所历史悠久、具有热带亚热带区域特色的多科性全国重点大学，位于广州市天河区五山，占地面积 550 多公顷，环境优美，景色秀丽。目前，共设有农学院、资源环境学院、生命科学学院、经济管理学院（乡镇企业管理学院）、工程学院、动物科学学院、兽医学院、园艺学院、食品学院、林学院、人文科学学院、理学院、信息学院、软件学院、艺术学院、外国语学院、继续教育学院（高等职业技术教育学院）、珠江学院等 18 个学院。现有在校学生 23471 人，其中博士、硕士研究生 2659 人，本科生 20812 人。

5. 中国农业大学（北京）。

教育部直属、进入国家"211 工程"和"985 工程"建设的全国重点大学。现任党委书记瞿振元，校长陈章良。中国农业大学已经发展成为一所以农为特色和优势的综合性大学，形成了特色鲜明、优势互补的农业与生命科学、资源与环境科学、信息与计算机科学、农业工程与自动化科学、经济管理与社会科学等学科群。学校共设有 13 个学院，涉及农学、工学、理学、经济学、管理学、法学、文学、医学、哲学等 9 大学科门类；设有研究生院和继续教育学院。

6. 云南农业大学（昆明）。

云南农业大学是云南省唯一一所以农科为优势，农、工、经、管、理、文、法、教育等学科交叉融合、协调发展的有特色的多科性省属重点大学。

7. 甘肃农业大学（兰州）。

甘肃农业大学的前身是 1946 年 10 月创建于兰州的国立兽医学

院，1951 年改名为西北畜牧兽医学院，为农业部部属院校，1958 年与筹建中的甘肃农学院合并成立甘肃农业大学。

8. 西北农林科技大学（陕西）。

西北农林科技大学是教育部直属全国重点大学，由教育部与农业部、水利部、国家林业局、中国科学院和陕西省共建。1999 年 9 月，经国务院批准，同处杨凌的原西北农业大学、西北林学院、中国科学院水利部水土保持研究所、水利部西北水利科学研究所、陕西省农业科学院、陕西省林业科学院、陕西省中国科学院西北植物研究所等七所科教单位合并组建为西北农林科技大学。

9. 河南农业大学（郑州）。

河南农业大学前身是成立于 1913 年的河南公立农业专门学校，之后相继经历了国立开封中山大学农科、省立中山大学农科、省立河南大学农学院和国立河南大学农学院等阶段。1952 年全国院系调整时由河南大学农学院独立建院，成为河南农学院。1957 年从古城开封迁至省会郑州。1984 年 12 月更名为河南农业大学。

10. 塔里木农垦学院。

新疆地区有一个农垦院校，下设招生就业、人才招聘、人才培养、校园规划、图书馆、远程教育等栏目。

11. 绵阳农业学校（四川）。

绵阳工程技术学校（原四川省绵阳农业学校）始建于 1940 年，座落于绵阳科技城，是国家级重点中专、省文明单位、省级校风示范学校，占地 160 亩，固定资产 2800 万元，建筑面积 4.5 万平方米，图书馆藏书 10 万多册。2005 年经市教育局批准增挂绵阳工程技术学校校牌。

12. 南京林业大学（南京）。

南京林业大学坐落在风景秀丽的紫金山麓、碧波荡漾的玄武湖畔，是一所中央与地方共建并以地方管理为主的多科性大学。学校前身为中央大学（创建于 1902 年）森林系和金陵大学（创建于 1888 年）森林系，1952 年合并组建南京林学院。1955 年华中农学院林学系（武汉大学、南昌大学和湖北农学院森林系合并组成）并人，1972 年更名为南京林产工业学院，1983 年恢复南京林学院名称，1985 年更名为南京林业大学。

13. 南京农业大学（江苏）。

南京农业大学是一所直属教育部领导的以农业和生命科学为优势和特色，农学、理学、经济学、管理学、工学、文学、法学多学科协调发展的全国重点大学，是国家"211 工程"重点建设的大学之一。

14. 内蒙古农业大学（呼和浩特）。

内蒙古农业大学成立于 1952 年，是内蒙古自治区创办最早的本科高等学校。其前身为内蒙古畜牧兽医学院，当时的中央人民政府主席毛泽东同志签署任命了第一任院长。1958 年更名为内蒙古农牧学院，同年，内蒙古自治区成立内蒙古林学院。1999 年经自治区政府决定，教育部批准，内蒙古农牧学院和内蒙古林学院合并组建内蒙古农业大学。现在学校是国家西部大开发重点支持建设的院校，也是国家大学生文化素质教育基地院校之一，是国家草业学会会长单位。学校下设的职业技术学院是全国高等职业技术教育示范院校建设单位。

15. 湖南农业大学（长沙）。

湖南农业大学是一所有五十多年办学历史的省属重点高等学校。学校始建于 1951 年 3 月 9 日，由创建于 1903 年的湖南省立修业农林专科学校和创建于 1926 年的湖南大学农业学院合并组建而成，时名"湖南农学院"，毛泽东主席亲笔题写校名。1994 年 2 月经国家教育委员会批准更名为湖南农业大学。

16. 上海水产大学。

上海水产大学是一所具有 90 多年悠久历史和光荣传统的高等学校，前身是 1912 年由著名民族实业家、教育家张謇，著名教育家黄炎培等发起创立的江苏省立水产学校（俗称吴淞水产学校）。1952 年成为国内第一所本科水产高校——上海水产学院，1985 年更名为上海水产大学，2000 年起由中央与地方共建、上海市主管。现在，上海水产大学已经发展成为一所教育体系完备，学科门类齐全，办学特色鲜明，以水产、海洋、食品、渔业经济与渔业管理等学科为主，农、理、工、经、文、管等学科协调发展的多科性大学。

17. 莱阳农学院（山东）。

莱阳农学院是省属普通高等院校，是国务院批准的首批具有学士学位授予权的高校。建有莱阳和青岛两个校区，总占地3323亩，校舍建筑总面积76.5万平方米。学校创建于1951年。经过五十多年的艰苦创业，学校已经发展成为一所以生物科学和农业科学为优势和特色，理、农、工、经、管、文等学科协调发展的多科性大学。

18. 沈阳农业大学（辽宁）。

沈阳农业大学组建于1952年，由当时的复旦大学农学院（茶叶专业除外）和沈阳农学院部分专业合并而成，今天的沈阳农业大学是辽宁省与中央共建的全国重点大学。

19. 福建省南平市农业学校（福建）。

福建省南平农业学校是一所全日制省（部）级重点中专学校。创建于1951年，建校历史悠久，办学经验丰富。

20. 中国农业大学远程教育网。

中国农业大学网络教育学院是学校开展现代远程教育的专门机构。中国农业大学副校长傅泽田兼任学院院长，谢咏才任副院长，分管网络教育。

三、媒体网络

1. 中国农资市场网。

《全国农资市场信息》杂志创刊于1997年，是一家发行量大、影响力广、覆盖全国的农化类综合专业性杂志媒体。"中国农资市场网"是《全国农资市场信息》旗下的专注于服务广大农资企业及个人的专业性的门户网站，提供最新的农资、农药、化肥、种子、营销、价格、农资供求、人才招聘等信息。

2.《农家书屋》图书音像网。

政府搭台，社会参与，建设 20 万个农家书屋，是推进社会主义新农村和小康社会建设的重要工程，是新农村文化科技建设的基础工程、民心工程。

3. 中国乡村发现。

中国乡村发现立足三农第一线，注重实证调查，展现乡村原生态，为三农理论与实践界打造一个"想说就说，想写就写，想看就看"的平台；它真实记录农村真人真事真情感，淋漓展现乡村新风新貌新气象；它营造百家争鸣的学术氛围，构筑农村研究"官、学、民"三者互动的自由平台；它挖掘乡村问题背后的病根，为政府科学决策贡献智慧。

4. 中国绿色时报。

《中国绿色时报》是我国林业系统的行业报，也是我国唯一以"绿色"命名的国家级生态环境类社会性报纸，其前身为 1986 年林业部创办的《中国林业报》，主办单位是全国绿化委员会和国家林业局。1997 年 11 月 16 日，中共中央总书记、国家主席江泽民亲笔为《中国绿色时报》题写了报名。

5. 农民日报。

1980 年，《中国农民报》沐浴着农村改革的春风正式创刊，它宣传改革、推动改革，在服务"三农"中成长发展。1985 年，《中国农民报》更名为《农民日报》，邓小平同志欣然命笔题写了报名。1989 年，党中央、国务院作出指示，农民日报社成建制划归农业部领导，作为全国性、综合性的中央级报纸，它继续履行党和政府指导全国农业和农村工作重要舆论工具的职能。

6. 中国动物保健杂志。

《中国动物保健》杂志创刊于 1999 年，国家一级刊物，国内外发行。本刊为月刊。该刊以"为中国健康动物养殖服务"为宗旨，以推广动物保健品新技术、新产品为已任，是服务于畜牧兽医、水产养殖和动物保健品行业的综合性期刊。

7. 中国农业标准网。

《中国农业标准》杂志是由农业部主管，中国农业标准信息研究中心主办，北京华经联文化传播中心协办，是集综合性、法规性、指导性、服务性为一体的科普刊物。反映农产品绿色、无公害、有机化、安全化标准制定与实施的进展情况。

8. 农业环境与发展。

《农业环境与发展》为中国农业核心期刊。创刊于 1984 年，农业部主管、农业部环境保护科研监测所主办，国家级综合指导类科技期刊。传播农业可持续发展新思想、新观点、新方略，倡导农业生产、农民生活、农村生态协调发展理念，多视角、多层次、多学科地反映食品安全与健康、资源开发与利用、环境污染与防治、农业清洁生产。

附录 2　电脑快捷操作

F1	显示当前程序或者 windows 的帮助内容。
F2	当你选中一个文件的话，这意味着"重命名"
F3	当你在桌面上的时候是打开"查找：所有文件"对话框
F10 或 ALT	激活当前程序的菜单栏
windows 键或 CTRL + ESC	打开开始菜单
CTRL + ALT + DELETE	在 win9x 中打开关闭程序对话框
DELETE	删除被选择的选择项目，如果是文件，将被放入回收站
SHIFT + DELETE	删除被选择的选择项目，如果是文件，将被直接删除而不是放入回收站
CTRL + N	新建一个新的文件
CTRL + O	打开"打开文件"对话框
CTRL + P	打开"打印"对话框
CTRL + S	保存当前操作的文件
CTRL + X	剪切被选择的项目到剪贴板
CTRL + INSERT 或 CTRL + C	复制被选择的项目到剪贴板
SHIFT + INSERT 或 CTRL + V	粘贴剪贴板中的内容到当前位置
CTRL + Z	撤销上一步的操作
Windows 键 + M	最小化所有被打开的窗口
Windows 键 + CTRL + M	重新将恢复上一项操作前窗口的大小和位置
Windows 键 + E	打开资源管理器

续表

Windows 键 + F	打开"查找：所有文件"对话框
Windows 键 + R	打开"运行"对话框
Windows 键 + BREAK	打开"系统属性"对话框
Windows 键 + CTRL + F	打开"查找：计算机"对话框
SHIFT + F10 或鼠标右击	打开当前活动项目的快捷菜单
SHIFT + F10 或鼠标右击	打开当前活动项目的快捷菜单
SHIFT	在放入 CD 的时候按下不放，可以跳过自动播放 CD。在打开 word 的时候按下不放，可以跳过自启动的宏
ALT + F4	关闭当前应用程序
ALT + SPACEBAR	打开程序最左上角的菜单
ALT + TAB	切换当前程序
ALT + ESC	切换当前程序
ALT + ENTER	将 windows 下运行的 MSDOS 窗口在窗口和全屏幕状态间切换
PRINT SCREEN	将当前屏幕以图像方式拷贝到剪贴板
ALT + PRINT SCREEN	将当前活动程序窗口以图像方式拷贝到剪贴板
CTRL + F4	关闭当前应用程序中的当前文本（如 word 中）
CTRL + F6	切换到当前应用程序中的下一个文本（加 shift 可以跳到前一个窗口）

在 IE 中：

ALT + RIGHT ARROW	显示前一页（前进键）
ALT + LEFT ARROW	显示后一页（后退键）
CTRL + TAB	在页面上的各框架中切换（加 shift 反向）
F5	刷新
CTRL + F5	强行刷新